颐和园摇蚊学研究

北京市颐和园管理处组织编写

● 李　洁　王树标　赵京城　主编

中国农业科学技术出版社

图书在版编目(CIP)数据

颐和园摇蚊学研究 / 李洁，王树标，赵京城主编 .--北京：中国农业科学技术出版社，2023. 11

ISBN 978-7-5116-6516-4

Ⅰ. ①颐…　Ⅱ. ①李…②王…③赵…　Ⅲ. ①颐和园-摇蚊科-研究　Ⅳ. ①Q969. 44

中国国家版本馆 CIP 数据核字(2023)第 217165 号

责任编辑 姚　欢
责任校对 王　彦
责任印制 姜义伟　王思文

出 版 者 中国农业科学技术出版社
北京市中关村南大街 12 号　　邮编：100081
电　　话 (010) 82106631 (编辑室)　(010) 82109702 (发行部)
(010) 82109709 (读者服务部)
网　　址 https://castp.caas.cn
经 销 者 各地新华书店
印 刷 者 北京建宏印刷有限公司
开　　本 170 mm×240 mm　1/16
印　　张 9. 25　　彩插　2(32 面)
字　　数 170 千字
版　　次 2023 年 11 月第 1 版　2023 年 11 月第 1 次印刷
定　　价 80. 00 元

《颐和园摇蚊学研究》编委会

天津师范大学参与工作人员

标本制作与资料整理

曹　威　姚　远　唱　通　孙文雯　王　迎　赵康竹
张君宇　王成艳　刘　悦　彭媛媛　马薇薇　龙　辰
翟　培　杨璐璐　徐　畅

标本采集

韩玉伟　高　蕊　蔡文华　王景赫　杨鑫璐　刘春棉
张桂铭　施帅良　安晓珂　梁运媛　房大洲　曾洪琴
张嘉芮　贾添宇　张舒迪　向仲澜　张晨阳　尹　丹
孟雨晴　郝　畅　高明宇

序

摇蚊是一类十分常见和耐受性极强的昆虫，其幼虫在各类水体中均有广泛分布，是主要的淡水底栖生物之一。摇蚊对净化水质、水产养殖、生态平衡和水质监测都具有十分重要的价值和意义，科研人员已对其进行了长期和广泛的研究。同时，摇蚊的婚飞习性极易扰民，给公园和景区的管理带来一定影响，而且某些种类还会危害农业和渔业生产，因此，对其防治的相关研究也越来越引起人们的重视。

本书的编者来自颐和园园艺部门，从事园林绿化和有害生物防治工作多年。他们连续 15 年在园内进行摇蚊监测并尝试了利用多种措施来降低摇蚊种群数量和扰民程度，在大量实地考察和研究工作的基础上，积累了丰富的实践经验。他们作为工作在基层的一线青年专业技术人员，能够深入细致地研究多年，并且科学严密地进行总结，还与国内外多所院校的专业科研人员展开充分交流探讨，这是非常难能可贵的。

书中不仅详细阐述了摇蚊科昆虫的研究历史、生物学特性、常见危害和防治措施等，而且对颐和园内常见种类摇蚊进行了鉴定，收录了颐和园已发现的摇蚊种类名录，并提供了大量生态照片，介绍了园内优势种的习性和生境特点，总结出了适合颐和园环境的摇蚊综合防治措施。本书对于公园管理人员探索园内水体环境中摇蚊的发生与防治具有很好的借鉴作用，对于研究摇蚊可利用性的科研人员也具有很好的参考价值，对于想要了解摇蚊知识的广大爱好者更是具有很好的科普意义。

作为一个长期从事摇蚊学研究的工作者，我为颐和园园艺队的工作和成果点赞！希望能有更多更广泛的各界昆虫研究爱好者加入摇蚊学研究的大家庭，使产学研一体，并在这条路上行稳致远，为国家的生态文明建设做出更大贡献。

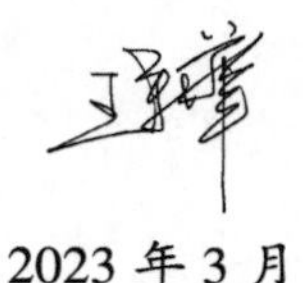

2023 年 3 月

前　言

惊蛰前后，春回大地，颐和园昆明湖中的精灵们如约而至。空中成团飞舞的小黑虫到底是什么？它与高冷唯美的天鹅、撞胸求偶的䴙䴘同时出现在颐和园早春这幅绘了300年而未完的时空画卷中，是机缘巧合？还是暗藏玄机？

那些飞舞的小黑虫是摇蚊。摇蚊科（Chironomidae）昆虫隶属于双翅目（Diptera）长角亚目（Nematocera），现行分类系统将其分为11个亚科。目前全球已被描述的摇蚊种类超过6 200种，中国已经记录1 000余种，据估计世界范围内不少于15 000种。

摇蚊是完全变态昆虫，生命周期经历卵、幼虫、蛹及成虫4个阶段。成虫口器退化，不吸血，也几乎不取食，我国未将其列为病媒昆虫和卫生害虫。它们集群婚飞，与蚊科昆虫一样对二氧化碳、温度和汗水十分敏感，能在一定距离内感知到恒温哺乳动物的存在，且具有追踪这些动物的本能。所以当人们运动行走时，它们就会在人身边或头顶上空成团飞舞。这种现象被昆虫学家们称为“婚飞”，实际上是雄蚊吸引雌蚊的招数，雌雄摇蚊最终在飞舞中完成交尾。所以，即使没有人类活动，它们也会在树木、房屋、物体的上面、侧面、近旁处婚飞，这是摇蚊种群繁衍的必须行为。

那么，既然婚飞的摇蚊追人、烦人、吓唬人，我们为什么不能除之而后快呢？这是因为摇蚊的幼虫具有重要的生态学意义。幼虫阶段是摇蚊生活史中最长的阶段，占据整个生命周期的90%，因体内含有血红蛋白而呈现血红色，故俗称“红虫”。它们生活在各种类型的水体中，是种类多、分布广、生物量大的淡水底栖动物类群之一（生物量约占底栖生物量的70%~80%），它们是水生生态系统、湿地生态系统食物链中的重要角色。首先，它们作为初级消费者主要以水底有机物碎屑为食，吞食藻类，尤其是蓝藻和绿藻，可观的摄食量使它们成为净化水质的好帮手，在加速水体有机物矿化和消除有机物污染等方面具有显著作用；其次，摇蚊幼虫体内干物质蛋白质含量高达41%~62%、脂肪含量为2%~8%，是次级消费者——鱼类的优质天然饵料，它既能满足幼鱼的营养需求，又能被水体底层的鲤、鲫等成鱼摄取，在当今蓬勃发展的水产养殖生产实践中体现了重要的经济价值；最后，鱼类的丰富势必会吸引终极消费者——鸟类的到来。这样，藻—虫—鱼—鸟，再加上分解者，完整的食物链成就了昆明湖的生态平衡。有清漪园时期的《清高宗御制诗初集》为证，如“绿生湖水面，黄重柳梢头。暖气飞轻蠓，春波集野鸥”。这里的“蠓”即为摇蚊，说明在当时，蠓飞是可以与春波野鸥、绿水黄柳、鸟语花香的早春美景融为一体的。虫鸟共飞绝非机缘巧合，而是暗藏玄机！此外，不同属种的摇蚊幼虫对生态环境的要求多种多样，且易繁殖、生长周期短、对环境因子敏感性强，是美国国家环境保护局（USEPA）和经济合作与发展组织（OECD）推荐的水生态毒理学测试物种，也是水环境生物监测的优良指示物。

虽然如此，若摇蚊的种群密度超出了经济阈值就会造成危害。摇蚊科中的一些种类作为水稻等农作物害虫之一影响作物产量，另一些种类危害蚌和鱼苗，这已被农业和渔业工作者所熟知。幼虫对饮用水的污染已引起全球的广泛重视，自20世纪70年代起，国外已有城市供水系统中发生摇蚊幼虫污染的报道，1996年起国内的城市供水系统开始治理摇蚊幼虫。摇蚊幼虫体内的血红蛋白是重要的变态反应源之一，能引发过敏体质人员致敏，加剧如支气管哮喘、鼻炎、结膜炎患者的病情。摇蚊成虫具有婚飞、趋光的习性，如黑烟般成团飞舞，挥之不去，污秽建筑物、影响交通出行，聚集于门窗、钻入室内，甚是扰民，数量惊人时会引起恐慌。

在颐和园，摇蚊虫口数量自2006年起逐渐增多，2009年以后时有扰民事件发生，早春会给前来踏青的游客带来不便。随着全球气候变暖，摇蚊对水体、景观，甚至对游客健康构成的威胁恐将越演越烈。为此，我们一直在积极努力地探寻解决办法，但因颐和园辖有北京市一级水源保护区，又是市级重要湿地不能大面积应用化学方法防治摇蚊。经过10年的摸索和努力，特别是近5年的立项研究，颐和园已对园内常见种类摇蚊进行了鉴定，对春季扰民的摇蚊种类进行了生态习性方面的研究，总结了环境因素对其大量发生的影响。在“保首都一方净水、护遗产古建平安”的前提下，我们不断钻研生物防治技术，并持续通过色板、灯诱等绿色措施降低摇蚊对游客游览的影响。在一个循环良好的生态环境中，每种生物都是不可或缺的一部分，请您和我们一起努力，保护野生水生动物，共同抵制野钓、捕捞、惊扰、破坏等不文明行为！这样既能低碳环保地防控摇蚊，又能维护昆明湖的生物多样性，让绝美的时空画卷继续绘制！这是大家以实际行动践行生态文明建设的真实写照！

全书共 4 篇，主要从古籍中的摇蚊到现今摇蚊的防治，从形态特征、生物学特性、生理基础、研究价值等方面对摇蚊科昆虫进行了阐述，其中第三篇由天津师范大学生命科学学院摇蚊学研究团队合作编写，共收录了颐和园常见摇蚊科昆虫共计 3 亚科 14 属 21 种，对每种的雄成虫和部分种的幼虫期、蛹期进行了详尽描述并附形态图，同时给出了各级分类检索表以及相关文献和国内外分布，书的最后列出了部分种类的生态照片，以供读者学习交流，并供同行借鉴，另期能够抛砖引玉，希望在此基础之上，未来能有更为深入细致的研究和推陈出新的防治方法。

本书能够顺利出版，还要特别感谢美国卫生害虫防治专家苏天运博士及北京市疾病预防控制中心消毒与有害生物防制所所长张勇研究员，他们都曾来颐和园现场调研并指导摇蚊监测与防控工作，杭州市疾病预防控制中心沈培谊主任医师对颐和园摇蚊绿色防控提出了宝贵的意见建议，北京林业大学李颖超博士对生态照片拍摄给予了指导和帮助。中国疾病预防控制中心传染病预防控制所任东升研究员，中国农业大学植物保护学院刘小侠教授、李贞副教授，国家植物园（北园）周达康正高级工程师，绵阳师范学院林美英副研究员，玉渊潭公园赵爽高工，深圳市中国科学院仙湖植物园董慧正高级工程师，杭州植物园刘锦高工，都对本书的编写提供了很大帮助。本书的编撰过程还得到了南开大学、天津师范大学、北京市园林绿化资源保护中心、北京市南水北调团城湖管理处、北京麋鹿生态实验中心等单位的大力支持。各位同仁始终给予殷切关怀、热情鼓励和鼎力相助，在此一并致谢。

由于编者水平所限，书中难免有错误和不妥之处，殷切盼望各位读者能不吝赐教，坦率指出存在的问题和不足，不胜感激！

编　者

2023 年 3 月

目　录

第一篇　摇蚊古而有之

第二篇　摇蚊科昆虫和摇蚊学研究

第三篇　颐和园摇蚊科记述

第四篇　摇蚊的防治

第一篇

摇蚊古而有之

摇蚊在古籍中被称为蠉、蜎、蚊、还虷、赤虫、白鸟、黍民、厥昭、蛣蟩、孑孓、蜎蠉、小赤虫。

第一章　古籍中关于“摇蚊”的记述

一、古籍中关于“摇蚊”的解释

汉·扬雄《甘泉赋》 历倒景而绝飞梁兮，浮蔑蠓而撇天。

《尔雅·释虫》 蠓：蠛蠓。《说文解字》蠓：孙炎曰，此虫，小于蚊。体微细，将雨，群飞塞路。

汉·许慎撰，南唐·徐铉增释《说文解字》卷一〇上 蠉：虫行也。从虫，瞏声。香沇切。蜎：从虫，肙声。狂沇切。蜎应为幼虫。

宋·司马光《类篇》卷三八 蠉：隳缘切，虫行儿。一曰井中小赤虫。蠉：馨兖切。《说文解字》：虫行也。

宋·陆佃《埤雅》卷一〇《释虫》 蜎，狂兖。

宋·罗愿《尔雅翼》卷二四《释虫一》 还虷，上音旋。司马云：顾视也。下音寒。井中赤虫也。又名蛣蟩，音吉厥。

元·脱因修《至顺镇江志》卷四 蚊，一名白鸟，见前萤注。又名黍民，见崔豹《古今注》。《辩疑志》云：润州城南万岁楼，俗传楼上烟出不祥，开元前以润州为凶阙。董琬为江东采访使，尝居此州，其时尽日烟出，刺史皆忧惧，乾元中复然。圆可一尺余，直上数丈。吏密伺其烟，乃出于楼角隙中，迎而视之，即蚊蚋也。今郡城中惟嘉定桥南上河街无之，理不可诘。

清·张玉书、陈廷敬等《康熙字典》卷二六 虷：《唐韵》胡安切，《集韵》河干切，并音寒。庄子《秋水篇》：还虷蟹与科斗莫吾能若也。注：虷，井中赤虫也。

蝝：又馨兖切，音暖。同蠉。井中小虫。

据此可见，我国史料中关于摇蚊的记载最早可以追溯到公元前的汉成帝时期。《甘泉赋》虽极尽铺陈夸张之能事，但还是可以推敲出摇蚊是在空中成团集群飞舞的；宋代司马光在井中观测到摇蚊的幼虫，并记录为赤虫；有证可考的关于“蚊蚋”扰民的事件始现于近700年前的元代。

二、古籍中关于“摇蚊”的描述

明·朱谋㙔《骈雅》卷七《释虫》 厥昭、虷蟹、孑孓、蜎蠉、蛣蟩，井中赤虫也。

明·张自烈《正字通》（清·廖文英续）申集中《虫部》 蚊，无焚切，音文。飞虫，长喙如针……又污水中小赤虫，名蜎蠉，一名孑孓，无足细如缕，长二三分，穴细沙中如针孔，俗呼沙虫。

蜎，乌宣切，音渊。《尔雅·释鱼》：蜎，蠉。【注】井中小赤虫。又虫行。《诗·豳风·东山》：蜎蜎者蠋。郑注：特行貌。又铣韵，音泫挠也。《考工记》：刺兵欲无蜎。注：掉也。言凡兵欲坚劲，不欲柔软如虫之蜎蜎肰也。又姓。《艺文志》老子弟子楚人蜎渊，着《蜎子十二篇》。正讹蜾蠃虫之形肉肙肙。又小虫。从肉，口声。口古围字涓睊等字从此，俗作肙，非。按：蜎必欲省虫，从肙泥。

明·方以智《通雅》卷四七《动物虫》 孑孓生蟁蚋，蚋其细者。水中赤虫曰：蜎蠉，一名孑孓，俗呼沙虫。《说文》曰：孑无右臂，孓无左臂，游水际遇人则沉，以腰有力，通其音为蛣蟩。《淮南子》曰：孑孓为蟁。高诱曰：孑孓倒跂虫也，子才作孑孓，蟁即蚊，亦作蟁。《说文》作蜹，而锐切。秦晋曰蜹，楚谓之蚊，其实蚊蚋为二物。蚋虫之讷者，《荀子》曰：醯酸而蚋，聚盖生醯中，曰醯鸡，乱飞，曰蠛蠓，音檬。占家以旋主风冲主雨。蠁亦甚细，然为知声虫。今人以醯鸡为蠁，非也。又有鸟曰蟁母。郭璞曰：似鶨而大，黄白杂文。声如人呕，其吐纳皆蚊，邓氏曰鷏也。

清·段玉裁《说文解字注》 𧊧：肙也。肙，各本作蜎。仍复篆文不可通。攷肉部肙下云：小虫也。今据正。《韵会》引《说文》：井中虫也。恐是据《尔雅》注改，肙蜎盖古今字。《释虫》：蜎、蠉。蠉本训虫行，叚作肙字耳。郭云：井中小蛣蟩赤虫，一名孑孓。《广雅》曰：孑孓，蜎也。《周礼》：刺兵欲无蜎。注云：蜎，掉也，谓若井中虫蜎蜎。《诗》毛传曰：蜎蜎，蠋皃，蠋桑虫也，其引申之义也。今水缸中多生此物，俗谓之水蛆，其变为蟁。从虫，肙声。形声中有会意，狂究切。十四部。

清·李元《蠕范》 蜎蠉也，虷也，孑孓也，蛣蟩也，沙虫也。生污水中。色赤无足，细如缕，长二三分。穴细沙中如针孔。群浮水际，遇人则沉。其行一曲一直。以腰为力。若人无臂，日久蜕为花蚊。

清·张宗泰缀述《尔雅注疏本正误》卷一　蜎蠉。一名孑孓，今本孓亦误作孑。疏：同《释文》。孑，纪列反。《字林》云：无右臂。古热反。孑，九月反。《字林》云：无左臂也。

综上，明末张自烈的《正字通》是最早描述摇蚊成虫口器的古籍，该著和同时期方以智的《通雅》第一次描述了摇蚊的幼虫形态、筑巢习性以及天敌。

三、我国最早的摇蚊标本采集记录

清·［美］克拉克，索尔比著，史红帅译《穿越陕甘：1908—1909年克拉克考察队华北行纪》　摇蚊科 Fam. Chironomidae。摇蚊 *Chironomus* sp. Incert，1♀。太原：采自池塘附近的草地上。

第二章　昆明湖畔关于摇蚊的记载

到了清代，昆明湖畔的摇蚊已屡见不鲜，古人对其是喜是恶总会留下些证据。

一、乾隆御制诗中的摇蚊

颐和园的前身为清漪园，1750 年起由清高宗乾隆皇帝主持修建，历时 14 年于 1764 年完工。清漪园称得上是中国乃至世界园林史上最优秀的杰作之一，它集传统造园艺术之大成，萃南、北古典园林之精华，赋予真山真水以文思匠心，实现了自然神韵和人文情趣的完美统一。作为这座旷世佳园的主人，乾隆每次来到清漪园时，都作诗描写园中景物，抒发自己的感受，汇集而成《清高宗御制诗初集》。在众多的御制诗之中，当然不乏描绘摇蚊的词句。

含新亭

［乾隆二十五年（1760）］

蚍蜉启户蠛蠓飞，符甲青青细草菲。
今日摛词何处好，含新独喜最知几。

新正万寿山清漪园即景

［乾隆三十三年（1768）］

灯节方过闹，山园试揽幽。
绿生湖水面，黄重柳梢头。
暖气飞轻蠓，春波集野鸥。
化工能酝酿，先作谈烟浮。

玉澜堂

［乾隆三十八年（1773）］

又俯西窗屧，湖天上下空。
只观铺镜影，辽待迭纨风。
暖起浮霄蠓，宽栖度岁鸿。
漫言冰尚冱，澜意满其中。

新春万寿山清漪园即事

［乾隆三十九年（1774）］

节后仍余暇，名山试重游。
东风已拂柳，春水可行舟。
蠛蠓乘阳气，凫鹥下暖流。
六桥阿那畔，耕织又从头。

诗中“蠛蠓乘阳气，凫鹥下暖流”“暖起浮霄蠓，宽栖度岁鸿”，描述的都是初春气温刚刚回暖时候，“蠓”或“蠛蠓”就已经开始婚飞，同迁飞的候鸟一样，这些小飞虫作为早春的意象，也被写进了诗句。通过解析诗文大意，联系所述物候，可知诗中“蠓”即为摇蚊，而并非现代昆虫分类学中蠓科（Ceratopogonidae）昆虫。由此可见，自18世纪中叶起，昆明湖畔早春摇蚊婚飞就已是常见景象，乾隆御制诗便是有力佐证。

二、民国游记中颐和园的摇蚊

据《名园记胜——民国时期颐和园诗文选粹》记载：“惟飞虫极多，钻耳铺面，挥之不去，殊可恨也。”可见，民国时候的颐和园游记中，就已有飞虫扰民的描述。这些小飞虫，一直都会如约出现在颐和园早春的湖边。它们出现的时间、集聚飞舞的形式，跟现代昆虫分类学描述的摇蚊相吻合。

第二篇

摇蚊科昆虫和摇蚊学研究

摇蚊科始建于1803年，由Meigen创立，模式属是*Chironomus*，模式种是*Tipula plumosa* L.，1758。摇蚊科Chironomidae源于希腊“*Xeipovoμos*”或“*Cheir*”和“*Cheironomus*”，拉丁化后为“*Chiro*”，含义为“手”，而“*Chironomus*”的含义是指似哑剧演员般规律性地摆手。该科名称即源于摇蚊成虫不飞行时常常不停地摆动前足，反映出早期人们对摇蚊生活习性的细致观察。

世界摇蚊科昆虫已记录种类超过6 200种，中国已经记录1 000余种，据估计全球摇蚊科种类应不少于15 000种。现行的摇蚊科分类体系为11亚科：似蠓摇蚊亚科（Buchonomyiinae）、阿福罗摇蚊亚科（Aphroteniinae）、智利摇蚊亚科（Chilenomyiinae）、寡脉摇蚊亚科（Podonominae）、长足摇蚊亚科（Tanypodinae）、乌桑巴摇蚊亚科（Usumbaromyiinae）、滨海摇蚊亚科（Telmatogetoninae）、寡角摇蚊亚科（Diamesinae）、原寡角摇蚊亚科（Prodiamesinae）、直突摇蚊亚科（Orthocladiinae）和摇蚊亚科（Chironominae）。中国目前记录7亚科：寡脉摇蚊亚科、长足摇蚊亚科、滨海摇蚊亚科、寡角摇蚊亚科、原寡角摇蚊亚科、直突摇蚊亚科和摇蚊亚科，大多数种类集中在长足摇蚊亚科、直突摇蚊亚科和摇蚊亚科。

第三章　摇蚊科昆虫

第一节　形态特征

一、成虫

摇蚊科昆虫是双翅目长角亚目中的一种中小型飞虫。体长范围从 *Orthosmittia reyer* Freem 的仅 0. 8 mm，到 *Chironomus alternans* Walk. 的翅长 7. 5 mm。虫体脆弱，体不具鳞片；颜色黑褐色、绿色、黄色、乳白色不等。头小，部分被胸部所覆盖，复眼发达，卵形或肾形，光滑、裸露或有毛，单眼缺或退化。触角 5～14 节，细长，基节球形，雄成虫鞭节长，各节具若干轮状排列的长毛，雌成虫触角短，无轮毛。翅狭长，覆于背上时常不达腹端，膜质区无鳞片；足细长，前足常明显长于中足和后足，静止时常向前伸出或举起并且不停摆动，“摇蚊”一名即源于此行为。胸部大，有后胸背板纵沟，口器短喙状，不能刺螫，下唇须 3～5 个。由于其口器的退化，仅能在植物表面或其他物体上吸取液体，可以与其近邻——蚊科（Cuclicidae）明显地区分开来，因此成虫也被俗称为“不咬人的蚊子”（no-biting midges），仅能维持数天或十余日的寿命，完成生殖活动后很快死亡。

二、卵

卵的形态各异（图 2-1），为规则或不规则的卵块。刚产出时为淡褐色，遇水后吸水膨胀，变为透明。卵块的数量、大小以及卵的形态因种而异，比如常见的长足摇蚊亚科的种类，卵块通常是球形或者棒形；寡角类多为长绳状；直突摇蚊亚科多为线性；而摇蚊亚科的种类多为圆柱状。摇蚊属（*Chironomus*）的卵块中可有数百至数千粒卵，支撑这些卵的是一条从卵块中央部位纵向穿过的轴丝，分为含卵部分和柄状部分，卵在中轴丝的周围螺旋形或直线形排列，通常一个螺旋内含有 12~20 个卵，整个卵块由 20~40 列组成。

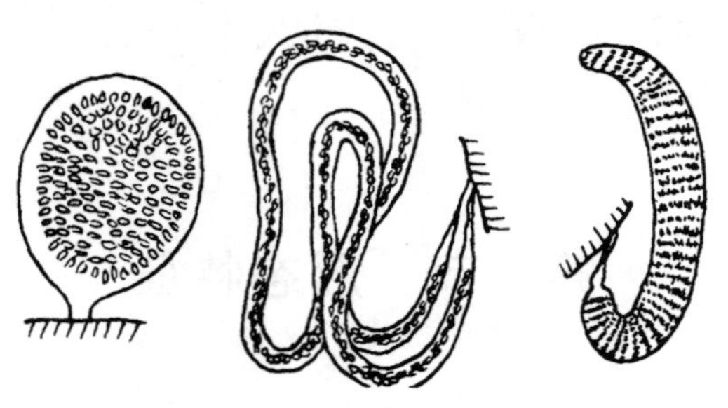

图 2-1　摇蚊卵块（引自王俊才 & 王新华，2011）

三、幼虫

摇蚊幼虫绝大多数水生，一些种类在腹节上具鳃，具不分节的腹足。摇蚊幼虫整体为蠕虫状（图 2-2），成熟幼虫体长 2~60 mm（Saether et al.，2000），大部分幼虫体长 10 mm 左右。体分头、胸、腹三部分。头部黄色、褐色、黑色等。体节由胸部 3 节、腹部 10 节共 13 节组成。在直突摇蚊亚科中，棒脉摇蚊属（*Corynoneura*）和特维摇蚊属（*Tvetenia*）的胸部第 2 节与第 3 节愈合，故体节仅 12 节。摇蚊亚科的切诺摇蚊属（*Chernovskiia*）以及乌烈摇蚊属（*Olecryptotendipes*）具次生体节，由胸部 6 节、腹部 14 节共 20 节组成。摇蚊幼虫体色有白、黄、褐、紫、红等。一般在底泥中生活的种类体色为红色，因其血液中含有无脊血红蛋白（Haemoglobin）（详见本章第三节），故常称为红虫；在水生植物上生活的体色为绿色；在流动水体中的砾石上生活的种类体色为紫褐色，带大理石状斑纹。少数种类体毛发达（图 2-3），体毛的形态及分布在分类上有重要意义。

头（图 2-4）与躯干有明显的分界，横切面多为圆形，背面观圆形或卵圆形，头长（上唇前中骨片的前缘至冠突的后缘间距离）与头宽（为背面观时头的最大宽度）近似相等或长略大于宽。长足摇蚊亚科中部分种类，头长约为头宽的 2 倍。头壳骨化，一般有较厚的甲壳质壁。上唇（图 2-5）为口的上面界限，包括上唇骨片、上唇缘、上唇感觉毛、上唇

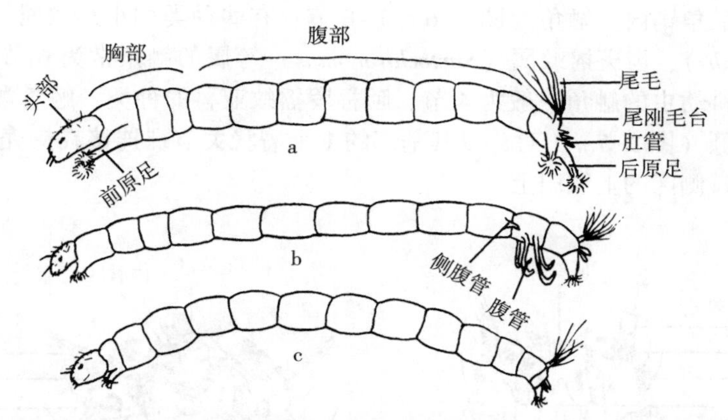

a. 长足摇蚊亚科幼虫；b. 摇蚊亚科幼虫（示腹管和侧腹管）；c. 直突摇蚊亚科幼虫

图 2–2　摇蚊幼虫（引自王俊才 & 王新华，2011）

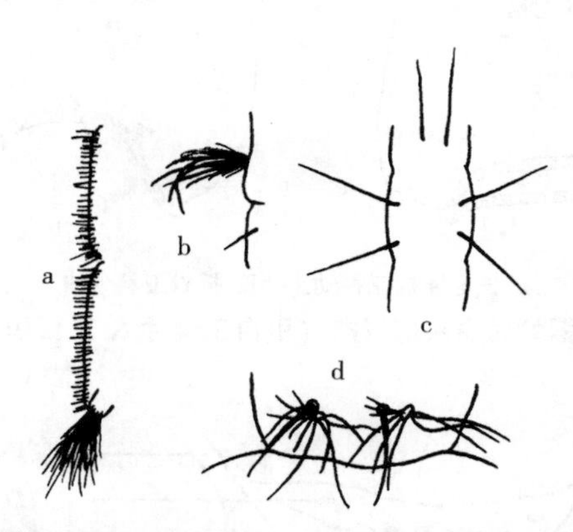

a. 长足摇蚊属；b. 环足摇蚊属；c. 流粗腹摇蚊属；d. 直突摇蚊属

图 2–3　摇蚊幼虫的体毛（引自王俊才 & 王新华，2011）

棘毛、上唇片、前上颚毛、上唇杆等。长足摇蚊亚科的种类上唇常藏在额板突起的下面。眼点位于头壳颊的背侧，触角着生点的外侧后方，呈肾形、椭圆形、菱形等，因种类而异。眼点一般 2 对，摇蚊亚科的同侧两个眼点往往横向排列，直突摇蚊亚科则多纵向或斜向排列，长足摇蚊亚科的种类往往仅有 1 对眼点。同侧两眼点间距离及眼点形状大小是分类的特征之一。触角 1 对，着生在头壳背面两颊的上侧面，靠近触角间缝处的触角着生点上。有些种类着生在触角托上。长足摇蚊亚科的种类，触角可随意伸缩到触角鞘内。触角（图 2-6）3~8 节。有些种类如小摇蚊属（*Microchironomus*）、齿斑摇蚊属（*Stictochironomus*）等属的触角常为 6 节。长足摇蚊亚科幼虫的触角一般为 4 节，阿福罗摇蚊亚科的种类，触角常仅为 3 节。上颚（图 2-7）1 对，以其基部的 1 个瘤状关节踝连接在头壳亚颏缘背面的口侧区的上颚臼上。

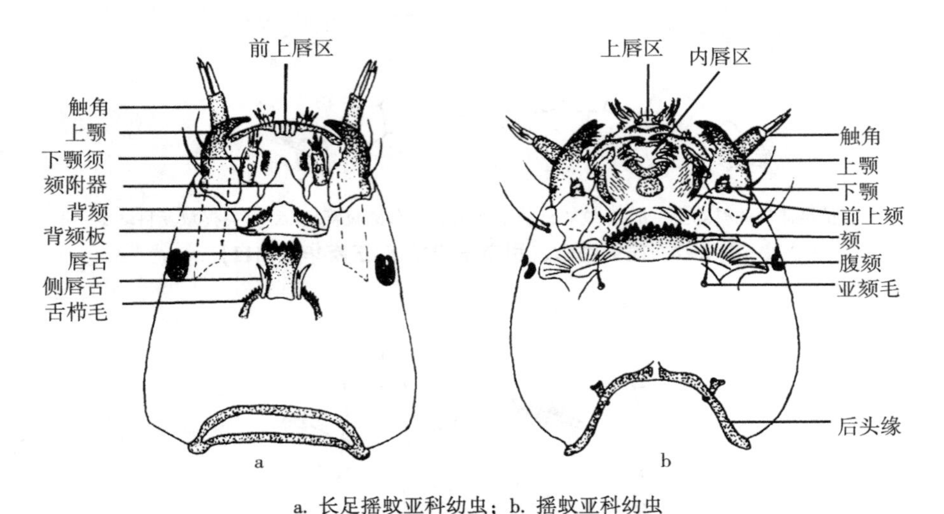

a. 长足摇蚊亚科幼虫；b. 摇蚊亚科幼虫

图 2-4　摇蚊幼虫头部形态（引自王俊才 & 王新华，2011）

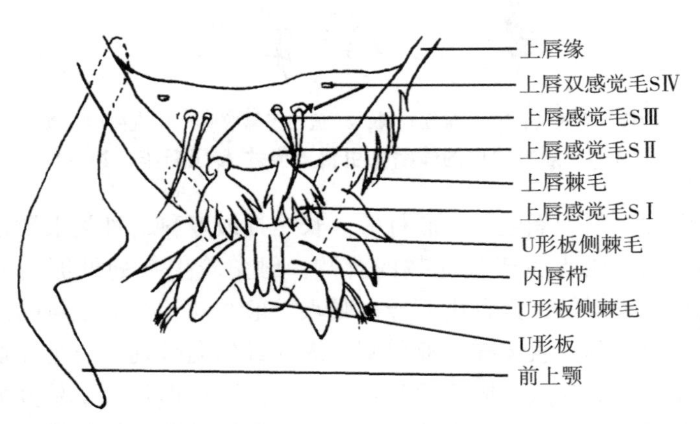

图 2-5　摇蚊幼虫的上唇及内唇（引自王俊才 & 王新华，2011）

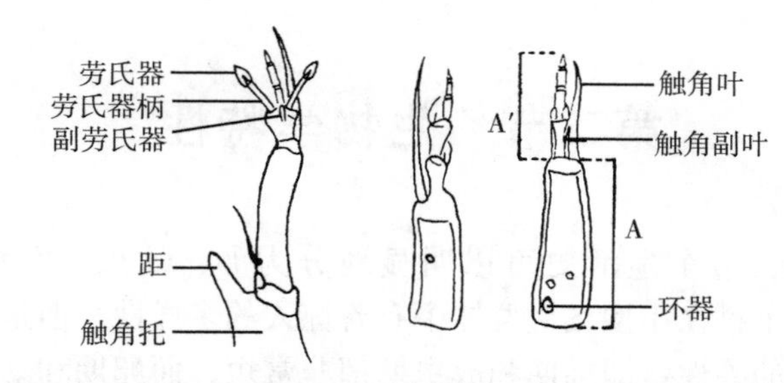

图 2-6　摇蚊幼虫的触角（引自王俊才 & 王新华，2011）

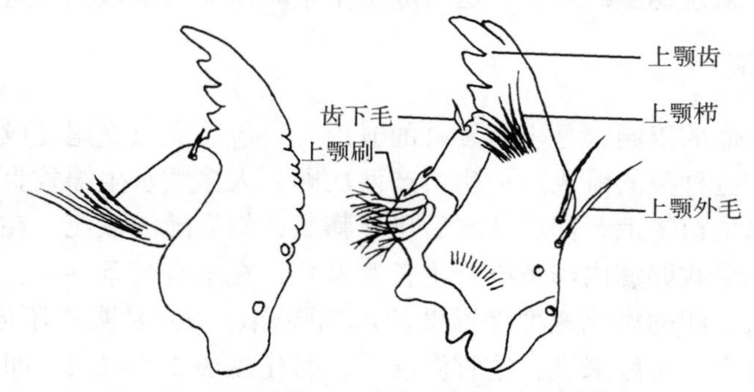

图 2-7　摇蚊幼虫的上颚（引自王俊才 & 王新华，2011）

位于头后的 3 节为胸部。不具翅芽，胸足少于 3 对。Ⅳ龄时，特别是快化蛹时，胸节往往膨大。在第一胸节腹侧，有一对肉质的突起，称前原足。在长足摇蚊亚科的种类中，前后原足均发达呈高跷状，而其他亚科的种类较短，在少数种类中则退化。前原足的顶端有爪，另有些种类则在前原足基部生有一些棘齿。腹部由 10 节组成，但一般将最后一节作为尾节，故多认为腹部为 9 节。

四、蛹

蛹无上颚，附肢贴于虫体。幼虫成蛹前在胸节膨大融合的同时，体长开始缩短，成蛹后体长一般可达 5 ~ 10 mm。蛹的中胸前端侧面有一对羽状、角状、叶状、棒状或丝状的呼吸器官称为呼吸角或胸角（Thoracic or Respiratory horn），其形状随不同亚科而异。在胸部翅和足的原基明显，腹部扁平，尾部游泳片半圆形，侧缘有扁平长毛列生。成蛹后生殖腺明显发达，在形态上雌雄有明显的差别，用肉眼辨别时，一般体长、宽大者为雌性，体小者为雄性。

第二节 生物学特性

完全变态，整个生活史可以明显地分为卵、幼虫、蛹和成虫 4 个时期。尽管这个科在小型飞虫群体中有着惊人的多样性，但是它们的生活史却有着一般的共性：即蛹期和成虫期都非常短，而卵期和幼虫期则因种而异，一般来说幼虫期最长，这与成虫生殖时需要大量累积能量有关。

一、卵

卵是生命的伊始，是生命发育的雏形。一般雌成虫交尾完成后，可立即产卵。一些种类的雌成虫一生可产两次卵。大多数水生摇蚊直接将卵产在水面或水生植物上。卵块遇水后迅速膨胀，然后随波逐流，在幼虫发育之前，胚胎吸收卵囊内卵黄维持生长和发育；在适宜的条件下，便可孵化发育成幼虫。卵的孵化速度受温度的影响强烈，不同种类在不同环境下，孵化差异很大。一般来说，适宜温度下，孵化需要 2.5~6 d。卵块将要孵化时，可见幼虫在其中不停回转运动。

二、幼虫

幼虫在整个生活史中占据了十分重要的地位，是摇蚊整个生活史中最长的时期，平原低地种类一般可占整个生活史的 90%以上（代田昭彦，1969）。此时是能量摄入的主要阶段，为后续的化蛹、羽化和交配奠定了坚实的基础。绝大多数种类的摇蚊幼虫营居于各种类型的水体中，是种类最多、分布最广、密度和生物量最大的淡水底栖动物类群之一。

从幼虫到蛹，一般要经过 4 个龄期（蜕 3 次皮），长足摇蚊亚科的种类偶尔也有五龄期的报道。Ⅰ龄幼虫期较短，绝大多数营自由（浮游）生活，几乎所有Ⅰ龄幼虫为透明色，血红蛋白尚未诱导表达，能够简单区分开头壳及后续的 12 体节，但其表皮附属物（如腹管、原足）尚未发育或未分化完全。低龄幼虫具有强趋光性，在溶解氧及食物适宜的栖境下，可转入湖底定居（Ⅰ龄着床）。Ⅱ、Ⅲ、Ⅳ龄的幼虫潜入水底，营自由生活或营巢定居生活（详见本章第三节）。如果非Ⅲ龄期幼虫越冬，那么Ⅳ龄幼虫期最长，特别是需要一年或者更长时间才完成一代的种类。

陆栖种类的幼虫，生活在腐败植物质中或粪便、菌体内、树皮下或土中。

幼虫在生长过程中，头壳的宽度随每次蜕皮而增大，同一龄期幼虫的头宽几乎相等，故可以借助测量幼虫的头宽和触角基节长度来判断龄期。此种性状在整个幼虫生长期呈现阶梯状变化（非连续性变化），而不同于体长、头长等连续递增性状。Ⅰ、Ⅱ龄幼虫骨质化不发达，随着龄期的增长，口器发生变化，颏及上颚的齿由尖变钝，骨质化也随之增强，这一过程到Ⅲ龄幼虫期才趋于稳定，此时的幼虫已经进入了保持属、种形态特征稳定的时期。因此，在幼虫种类鉴定时采用Ⅲ龄以上的幼虫，在特征上才是比较可靠的。进入Ⅲ龄以后的幼虫，胸部的第 2 节和第 3 节由于内部各种器官的发育而开始膨大、颜色开始变浅，这时第 2 节和第 3 节的区别变得不明显，但与腹部出现明显区别。进入Ⅳ龄后，胸节再度膨大，此时的胸节已经融合并出现蓝色、紫褐色和茶褐色斑纹，幼虫逐渐缩小，开始进入蛹期。

三、蛹

蛹期在水生态、生活史、行为模式等研究中有不可或缺的作用。幼虫-蛹（L-P）过渡体在长足摇蚊亚科中较为常见，而摇蚊亚科的蛹-成虫（P-A）过渡体较为常见。大多数种类的摇蚊是在原栖息地羽化，蛹最初营底栖生活（泥-水接合面），随后不停地摆动，从幼虫巢穴中爬出，在水底简单停留后，不断调整身体的生理状态，通过躯干产生适量的气泡，改变体内的总体密度，使自身悬浮在水中。进而通过腹部不断摆动，用游泳片作伸展运动，直至垂直上升到水面（水-气接合面），身体伸开与水面约成 30°，静待羽化。这一过程中，枝状或者管状的胸角可梯阶完善。蛹借助于其胸角可以利用水中（摇蚊亚科）的溶解氧或直接通过气盾板（plastron plate）呼吸空气中的氧气（长足摇蚊亚科）。蛹期成熟后羽化开始，蛹往往自胸部背面成“T”形裂开，成虫依次将头部、翅、足从蛹皮中脱出，然后用足支起蛹皮使腹部脱出。刚羽化的成虫以蜕掉的外壳为平台浮在水表，待翅膀完全成熟之后，就可以转入空中生活。多数成虫能立即飞离水面至附近的陆地上休息，少数成虫在水面先停留 5~10 min 再起飞。

很多种类的摇蚊蛹上升至水面的时间多在黄昏或傍晚，且多在新月出现后的两三天至望月三四天前的时间，这样比白天及明月当空时更难被掠食者发现，减少被掠食的机会，羽化成功率更高；摇蚊在羽化时往往是大量的蛹几乎在相近时刻成批上升至水面，这样在同一时刻大量摇蚊蛹在水中及水面出现，即使被掠食去一部分，仍可保留一部分羽化为成虫进行繁殖；一些种类的蛹从胸部裂开至羽化脱出仅需几秒钟；温度高时蛹期缩短；当环境不良时，如缺氧或其他因素不适时，可提前羽化。这些都是为了在漫长的进化史中摇蚊逐渐产生的适生性。蛹不摄食，蛹期相比幼虫期短，一般只有几天，有时候也可能几周、几个月甚至几年。

四、成虫

成虫具有婚飞习性（详见本章第五节），常在湖畔、池塘、溪流附近；有强趋光性；对二氧化碳、温度和汗水十分敏感，所以它们能在一定的距离内感知到恒温的哺乳动物。摇蚊成虫由于口器的退化，几乎不进食，存活几天到几周不等，在美国明尼苏达州，有研究人员采集冰雪上的成虫进行低温养殖可存活几个月甚至更久。

第三节　水生幼虫及习性

水生摇蚊幼虫生活方式多种多样。多数种类孵化后即可在水中自由活动，到处觅食，随水流寻找适居的场所。此后，不同种类开始分化，捕食性种类仍然保持着自由生活习性；其他以藻类、水生植物碎片、细沙、腐屑为食的种类筑巢营定居生活；还有些与其他动物共生或寄生生活；也有专门噬食植物组织的植食性种类。

在静水中，万物赖以生存的氧气扩散速度很慢，可能需要数年才能扩散至水下几米，加上有机质的微生物降解对氧气的需求，就造成了底栖动物往往处于缺氧环境。那么，摇蚊幼虫是如何适应水中缺氧甚至是无氧环境的呢？漫长的进化使它们拥有了特殊的生理结构和功能，体壁呼吸、血红蛋白、腹管都是它们在缺氧环境中生存的呼吸法宝。另外，由于涡流增大了水的表面积，加快了氧气与水的混合，使流水中氧气的扩散速度要快得多，适生性使摇蚊幼虫会不断摆动身体来产生或加速水流，以获得生存所需的足够多的氧气和伴随水流而来的食物。

一、呼吸方式

绝大多数昆虫的呼吸主要依靠由外胚层内陷形成的气管呼吸系统，它们通过气门的开闭实现与外界的气体交换。而作为底栖动物的摇蚊幼虫，特殊的生活环境不允许它们拥有开放的“呼吸道”。水生的摇蚊幼虫大多依靠体壁进行呼吸，虽然体壁的渗透性很差，经体表的气体扩散也足以维持它们的生命；一些种类为增加气体交换表面积，在腹节具“鳃”，它是有气管的体壁薄片状身体延伸，如花翅摇蚊（*Chironomus kiiensis* Tokunanga）在第7腹节上具1对指状侧鳃，为该种类幼虫的一个重要分类特征；第8腹节具2对血鳃，长度约为该节直径的2倍；第9腹节具2对肛鳃，长度约为后原足的1/2。

氧气通过摇蚊幼虫的体壁后在封闭式气管系统中扩散，再经由血液中被称为“呼吸色素”的血红蛋白转运至细胞，参加后续的生理生化反应。这在昆虫纲中是比较少见的，在其他利用气管呼吸的昆虫体内，血液是不参加氧气运输的。

摇蚊幼虫的血红蛋白可以提取水中的溶解氧，是虫体呈现红色的原因，也是摇蚊幼虫能够适应缺氧环境的关键。这种血红蛋白与脊椎动物（譬如我们人类）同源，不同之处在于，脊椎动物的血红蛋白携氧和释放氧的过程与波尔效应有关，即氧气从高氧的空气环境中获取，并在酸性（从溶解的二氧化碳形成碳酸）的肌肉中卸载，如在摇蚊幼虫生活的缺氧且经常呈酸性的底泥环境中，波尔效应可能消失；与脊椎动物相比，摇蚊幼虫的血红蛋白对氧气的亲和力更高。当摇蚊幼虫通过拨动身体产生水流时，体内的血红蛋白达到氧气饱和；当波动停止时或需要从无氧呼吸转变为有氧呼吸时，氧被卸载。较之其他昆虫单纯依靠扩散作用转运氧气，呼吸色素结合和释放氧的速度要迅速得多。

摇蚊族的许多种类，能耐受低浓度的溶解氧以至短暂缺氧的环境，特别是红色具腹管的摇蚊（图2-2b），如摇蚊属、雕翅摇蚊属（*Glyptotendipus*）的种类。在缺氧条件下，这些摇蚊幼虫能不经完全氧化而分解体内的碳水化合物，释放能量维持生命。这种分解不同于一般代谢产生二氧化碳和水，而是产生乳酸或其他脂肪酸等有机酸。积聚在体内的这些有机酸，要等再有氧时再氧化产生二氧化碳和水排出体外，形成了“氧债”。但在有腹管的种类中却可在缺氧条件下，体内不积累过多“氧债”。Walser（1947）在无氧条件下培养羽摇蚊幼虫表明，水环境中有机酸的种类和总量随缺氧时间的延长而增加，说明它们体内所产生的有机酸被排出至体外。Sworth（1959）指出，摇蚊幼虫的腹管并非呼吸器官，而是排泄器官，即排泄乳酸和其他有机酸的器官。有腹管的摇蚊幼虫，因可以排泄体内不完全氧化时所产生的乳酸等有机酸，使之不积聚或少积聚，就比无腹管的种类更能耐受环境中的低溶解氧甚至缺氧。在其他生物难以生存的缺氧环境中，如富营养湖泊和严重有机污染的河流中，常有大量具有腹管的红色摇蚊栖息。

不同种类摇蚊幼虫摄取、转运溶解氧及排泄乳酸的能力不同，使得它们只能在氧含量特定的水体中生存，即摇蚊种类与水体环境存在特异性，这是利用摇蚊进行水环境监测的生理基础（详见第四章第一节）。

二、生活方式

（一）营自由（浮游）生活

具有趋光性。长足摇蚊亚科的幼虫为自由生活的种类，它们不筑巢也不钻穴，而是在水体底层一定空间内的底质上自由活动，比如在水生植物间或浅水区丝藻及苔藓中隐匿，主动捕食其他水生昆虫和水丝蚓等无脊椎动物，其中包括其他种类的摇蚊幼虫，甚至是同种的其他个体。捕食性的种类不像其他种类那样高密度群聚，而是散居，通常密度较小，这与它们受食物限制及有时同种间相互残杀有关。

（二）营巢定居生活

摇蚊科中的很多种类的幼虫采取营巢定居的生活方式，这种生活方式需要摇蚊幼虫在底泥中自行营建狭长的管状巢，建好后，幼虫在其中通过拨动身体造成水的流动，以获得足够的氧气和食物，因此筑巢实际上是幼虫的摄食行为之一。

摇蚊亚科、直突摇蚊亚科、寡脉摇蚊亚科、寡角摇蚊亚科中的大部分种类都有营巢习性，它们多为微粒食性或植物食性的种类。所筑的巢是利用幼虫唾液腺的分泌物将前原足收集来的植物碎片、微细的淤泥或砂粒黏合而成的，或埋于淤泥中，或附于石块、水草上。巢的形状多样（图2-8、图2-9），如多足摇蚊属（*Polypedilum*）幼虫可在水生植物表面或组织内咬成通道筑巢，危害植物生长；其他多数种类则筑成两头开口的管形巢，或一头为火山口状的巢。这些巢通常具有一定的建筑格式，有学者以它作为种类鉴别的特征。摇蚊幼虫所建的巢一般比它的体长略短些，当它们即将化蛹时便在巢的开口处做一个盖，盖的中央具一小孔眼，这样就可将巢的前端封闭，以防止或抵制掠食者。

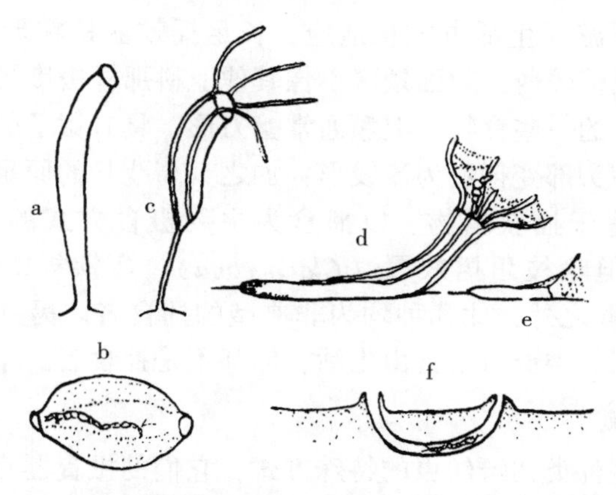

a、b. 真直突摇蚊属；c、d、e. 流长跗摇蚊属；f. 摇蚊属

图 2-8　固定巢（引自王俊才 & 王新华，2011）

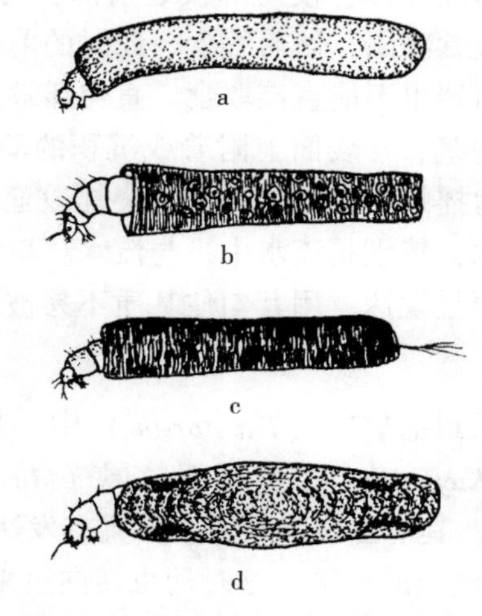

a. 双突摇蚊属；b. 扎摇蚊属；c. 昏眼摇蚊属；d. 劳氏摇蚊属

图 2-9　可搬型巢（引自王俊才 & 王新华，2011）

三、摄食方式

摇蚊幼虫的摄食方式主要有捕食、集食、滤食、蛀食和啃食。

（一）捕食

与自由（浮游）生活方式相适应，长足摇蚊亚科在形态结构上有许多特点，如头壳壁较薄，腹面颏区不像其他亚科那样极度骨质化，以便吞食比其头径稍大的一些食物。上颚通常镰刀形，具有钳子般的作用；触角能缩入头内，使头部变得更为流线形；加之其高跷状的原足，这些都有助于急速移动，适于捕获猎物。以捕食为主要摄食方式的还有哈摇蚊属（*Harnischia*），但除枝角摇蚊属（*Cladopelma*）、弯铗摇蚊属（*Cryptotendipes*）、小摇蚊属之外，此几种均为非典型的捕食者。另外，寡脉摇蚊亚科、棒脉摇蚊属的类群虽营自由生活，但却不是捕食者。

（二）集食

集食是某些种类初孵幼虫的特殊方式，它们的摄食器官是前原足、后原足、肛前刚毛、上颚及颏。摄食时由后原足的管状腺分泌黏液，促使原足末端的花冠状爪钩和肛前刚毛带有黏性，把悬浮水中的食物微粒黏附在爪钩和刚毛上，幼虫弯曲身体，使尾部接近头部，再由前原足上的爪钩、上颚和腹颏梳扫，构成食物团，然后吞食。此时的前原足爪钩无黏性，不能直接取食，头部的口器也不能直接取食。直突摇蚊亚科主要是集食栖息地所在处的石头或植物茎、叶表面上附着或沉积的藻类和其他有机微粒。寡角摇蚊亚科及前寡角摇蚊亚科的种类与直突摇蚊亚科有相似食性。这3类幼虫主要生活于冷水，特别是流水中，与流水环境相适应的形态特征是它们的身体细长，后原足发达，用其勾住基质不易被水冲走。

（三）滤食

滤食者多出现在长跗摇蚊族（*Tanytarsini*）中，其他非长跗摇蚊族多见于球附器摇蚊属（*Kiefferulus*）、倒毛摇蚊属（*Microtendipes*）和齿寡角摇蚊属（*Odontomesa*），其幼虫均能筑巢，其具有发达的上唇毛/上颚刷或上颚栉/前腺所分泌的丝织成小网，这时幼虫转向过来，头对向巢的入口，身体作波浪状运动，造成一股流向丝网的水流，微粒食物被网滤下。食物滤满后，幼虫回转身来，把网和滤下的食物全部吃下。接着再结新网，继续滤食。整个滤食的时间取决于食物的数量、幼虫的生理状态、水温和其他条件，有时从织网、吞食，到再结新网的过程几分钟就完成了。不同幼虫的织网形式亦有不同，雕翅摇蚊属的网建于身体的后端；长跗摇蚊族中的很多种，在其管状巢的前端常有几个丝状物突起，称为巢的“臂”，网即固定在这个臂上。织网活动的频率与其代谢的强弱有关，在冬季或溶解氧低的环境中，织网活动减慢，摄食量也随之减少（图2-10、图2-11显示两种双翅目幼虫的滤食情况）。

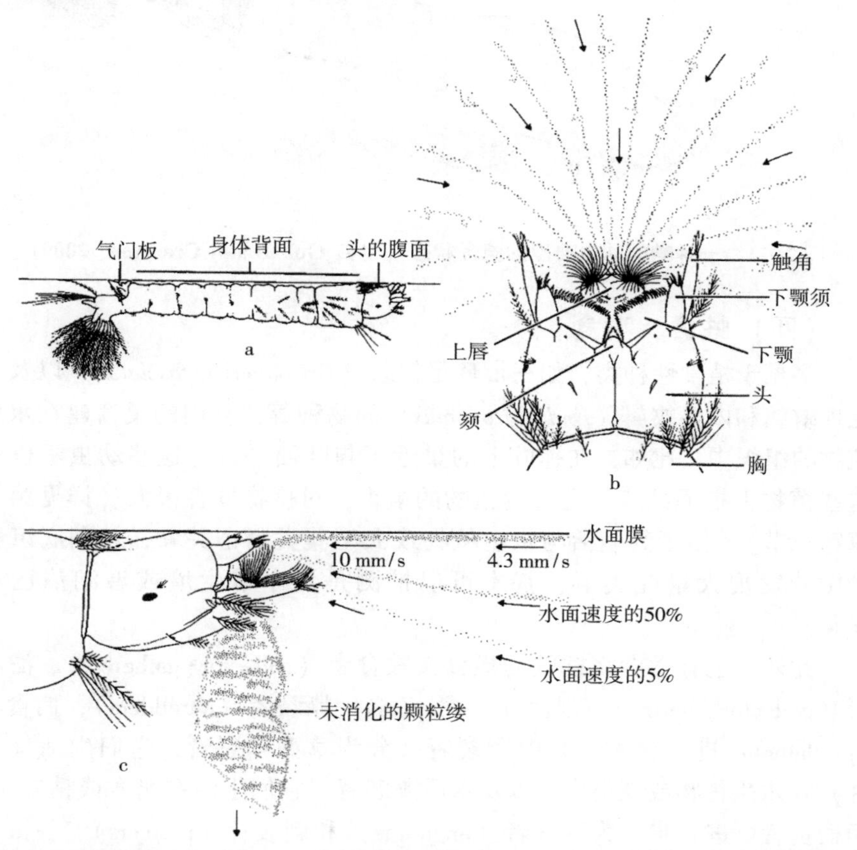

a. 幼虫刚好漂浮在水面之下，头部相对于体躯旋转了 180°（腹面向上，以便位于腹部近末端的气门板直接与空气接触；b. 上面观，示头部腹面及上唇毛刷产生水流以获取食物（水运动的方向及水面颗粒所经的路线分别用箭头和点线表示）；c. 侧面观，示富含颗粒的水流被吸进上颚与下颚间的口前腔，下方为向外的水流

图 2-10　四斑按蚊 *Anopheles quadrimaculatus*（双翅目：蚊科）的口器及取食水流（引自 Gullan and Cranston，2009）

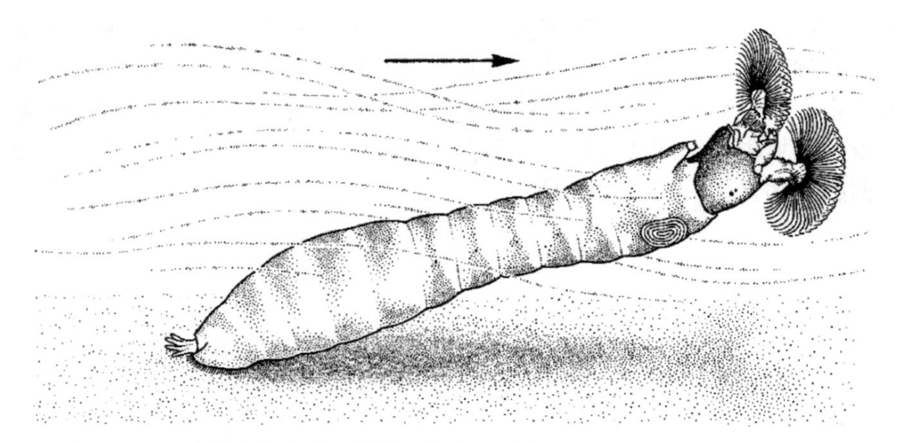

图 2-11　一种蚋的幼虫典型的滤食状态（引自 Gullan and Cranston，2009）

（四）蛀食、啃食

多见于植食性种类，如三带环足摇蚊（*Cricotopus trifasciatus*）以及多足摇蚊属和内摇蚊属（*Endochironomus*）的物种等，它们的巢营建在水生植物的组织中，比如，在莲叶上的巢近于与叶面平行。这些幼虫不仅在这些植物上挖掘蛀道，还吞食植物的组织，对植物危害很大（详见第五章第三节）。由于其生活与水生植物或大型藻类紧密关联，若湖底沉积物中若发现大量此类群，基本可以推测是沿岸带生境或者湖泊已沼泽化。

此外，也有学者将摇蚊的摄食按牧食者（collector-gatherers）、滤食者（collector filterers）、刮食者（scrapers）、撕裂者（shredders）、捕食者（predators）进行分类。其中撕裂者又分为草型撕裂者，它们生活（钻蛀）在水生植物或藻类中，以及木质撕裂者，它们生活在腐木或枯叶中，而捕食者可进一步分为吞食者（engulfers）和刺吸者（piercers）。各摄食类群所取食的食物颗粒直径大小不同，如表 2-1 所示。

需要注意的是，多数幼虫非专营一种摄食类型，随着龄期的改变或生境的改变，可以在一种主导摄食方式上附加另一种辅助摄食方式，而将对食物的绝对专一选择性转变为非选择性。

表 2-1　摇蚊摄食类群及取食粒径

摄食功能群	取食方式	主要食源	食物粒径/mm	代表种类
牧食者	收集沉积物或沉在水底（泥-水接合面）的颗粒物	FPOM（碎屑、藻类、细菌、粪便）	0.05～1.00	直突摇蚊亚科
滤食者	过滤悬浮在水中的颗粒物	FPOM（碎屑、藻类、细菌、粪便）	0.01～1.00	长跗摇蚊
刮食者	刮取石块、腐木及水生植物表面的微膜生物	附着藻类及一些微型生物	0.01～1.00	寡角摇蚊亚科
撕裂者	咀嚼或撕裂大块枝叶或水植茎秆	CPOM（枯枝落叶或水生植物）	>1.00	内摇蚊属；多足摇蚊属（部分）
捕食者	吞食或吸食小型活体动物	小型甲壳动物（桡足类、枝角类）	>0.50	长足摇蚊亚科

注：FPOM 为细颗粒有机物（fine particulate organic matter）；CPOM 为粗颗粒有机物（coarse particulate organic matter）。

四、栖息环境

如前所述，摇蚊是世界上分布最广、生物量最大的淡水底栖动物类群之一。有的种类尚可在温泉、冰雪融水溪流、盐湖和海湾中孳生，在南极洲目前发现的唯一的一类水生昆虫就是摇蚊，亦有生活在海水中的种类，如 *Clunio murinus* Haliday、*Psammothiomyia pectinata* Derby、*Thalassomyia frauenfeldi* Schiner、*Halirytus* sp. 和 *Belgica antarctica* Jacobs。*Telmatogeton* 属在夏威夷已经重新进入淡水，*Clunio* 属有些种类的成虫从海洋岩石所形成的池塘中羽化，其与最低潮汐同时出现的月周期同步，西伯利亚的贝加尔湖的深水底栖区也生活着摇蚊，它们在羽化时蛹不得不上浮约 1 000 m 到达水面。

摇蚊幼虫的栖境总体可以分为静水和流水两种。这里主要介绍颐和园水域所属的低地平原湖泊。根据光照补偿层的位置，湖泊可以分为浅水区和深水区，其中浅水区根据挺水植物及沉水植物的生长下界，又可进一步分为沿岸带和亚沿岸带。绝大多数摇蚊种类分布在浅水区的沿岸带中，底质粒径相对较大，颗粒间隙相对畅通密集，加上潮汐式的波浪摆动，使得这一区系的摇蚊物种组成与流水的河流物种类似。深水区底质多是细泥，粒径较小，孔隙率低，加上水体常垂直分层，造成底部长期缺氧，因此仅有摇蚊亚科的部分耐污种类存在。

湖泊中摇蚊的分布受水深影响较大，多呈“似等深线”梯阶分布（bathymetric distribution），即理化环境因子相同的点串联起来的“栖境质量等同线”，呈环状一圈一圈地从沿岸带向湖中心递进。一般来说，低地平原浅水湖泊沿岸带的生物量和多样性要远远高于深水区，但由于环境的变迁，幼虫同样具有趋利避害的主动迁移行为，典型的例子是受溶解氧和温度影响而造成的水平迁移，以及从底泥到水-泥接合面的垂直迁移。其他影响幼虫空间分布的因素还包含底质类型、食物的多寡及有效利用，以及竞争与捕食。当水体理化环境相对稳定，在尚未构成胁迫的条件下，决定摇蚊分布的主要因素是食源的多寡，而有机碎屑物（organic matter）逐步增多时，溶解氧逐步取代食物因子而主导群落结构。种间及种内的竞争关系较之其他水生昆虫不太明显，这可能是每种幼虫的生态位互不重叠和不同个体之间的领地效应所致（McLachlan，1977；Tokeshi，1995）。

摇蚊幼虫同其他底栖动物一样，在适宜的环境中往往呈现成簇（碎片化）分布（patched distribution），而在部分特殊栖境（砂质），往往呈现少量点缀（镶嵌）分布（mosaic distribution），湖泊之间相连的水系形成的廊道或成虫的扩散成了摇蚊基因交流的主要方式。群落结构在污染水体中多表现为几何分布模式（geometric distribution），而在一般的清洁水体中，摇蚊群落表现正态分布模型（lognormal distribution）。幼虫之间对资源的分配呈现不同的模式，一般富营养水体中，食源及生态位均很充足，仅有极少数物种能够占据绝对优势，而后续外来其他摇蚊物种入侵这片领地时，则会随机选择一些可利用资源，对资源的分配上表现为随机片段模型（random fraction model）。在相对清洁的水体中，由于食源的匮乏及生态位的重叠概率较大，摇蚊群体对资源的分配现象则表现为另外一种模式，即后续入侵种总是竞争优先资源，呈现一种优势渐弱的分布模式（dominance decay model），群落结构中的均一性趋于增加，优势种群的地位逐渐被削弱（Tang et al.，2010）。有关摇蚊幼虫与水质的关系，详见第四章第一节。

第四节　羽化的行为学基础

摇蚊所属的昆虫纲是地球上繁殖能力最强并且最具多样性的类群。昆虫先于恐龙出现，并很可能将要经历未来的不利条件而继续存在。漫长的进化过程使得包括摇蚊在内的昆虫具备了与其生境相适应的系统发育，其生理机能和生活习性受体内某种内在的时钟控制，这种神秘的时钟称为生物钟（biological clock），即生物感知时间的能力。生物钟是生物由于长期受地球自转和公转引起的昼夜和季节变化的影响，而发展起能适应这些环境周期变化的时间节律，是决定生物时间节律的生物化学机制，是在生物世世代代进化过程中，形成的有利于个体和种群发展的内部调节活动。昆虫的生命活动，如趋光性、体色的变化、迁移、取食、孵化、羽化、交配等，都表现出一定的时间节律，并构成种的生物学特性，称为昆虫钟（insect clock）。昆虫钟是一个复杂的生理过程，它控制着昆虫生理机制的节律，并与光周期节律的信号密切关联，使昆虫的活动和行为表现出时间上的节律反应（钦俊德，1999）。例如，周期性的繁殖活动，通常都和光照强度、日照长短、食物状况、异性个体的吸引等因素引起的性激素分泌水平相联系。

摇蚊的羽化具有明显的日节律性和年节律性，每年都在相同的季节、固定的时段集中暴发，这都是被昆虫钟所控制。通常情况下，雄性摇蚊羽化时间早于雌性摇蚊羽化时间，这是长期进化和适应的结果。摇蚊科昆虫像其他昆虫一样，能预先知道环境条件的季节变化并及时做好应对准备。如果不在特定的时间段羽化，种群就不能更好地繁衍，所以昆虫钟就调整到使它们总是在个体成活机会最大的时候羽化。这种羽化节律，还有求偶节律，具有遗传性，受染色体上的基因调控，是摇蚊生存的重要因素，不是环境强加给摇蚊的，也不是后天通过学习获得的。这也就解释了为什么在每年特定的物候期，都会有数量惊人的摇蚊在适生地水域集中羽化，且羽化时间几乎都在黄昏或傍晚。例如，颐和园的齿突水摇蚊（*Hydrobaenus dentistylus* Moubayed），每年都会在3月上中旬的山桃赏花佳季大规模羽化。

第五节　成虫婚飞

摇蚊除了幼虫（红虫）能作为鱼类的饲料之外，最为著名的特征莫过于其婚飞习性了。

除少数进行孤雌生殖的摇蚊外，绝大多数摇蚊需要两性生殖，即交尾后产卵。摇蚊的交尾是在飞舞中进行的，称为婚飞。刚从水中羽化或需要迁移栖息场所的摇蚊群体或个体，在树木、房屋、物体的上面、侧面、近旁处群飞，寻找配偶。婚飞群体开始较少，后来不断有新的个体加入，群体由小变大，常由数百、数千，以至数万摇蚊个体组成，婚飞群体直径可达1~3 m，高可达3~10 m。

婚飞群体中雄性所占比例常大于雌性，雌成虫交配后即产卵。婚飞受很多因素影响，其中性比、光照、种群密度影响最大。

婚飞大大提高了以交配为目的的两性相遇的概率，减少了在飞翔过程中寻找配偶所消耗的能量，有利于整个家族的高质量繁衍。

一、生理基础

（一）激素调控

由于摇蚊成虫寿命很短，所以其生殖行为既需要对外部环境进行高度的协调和复杂的生理反应，还取决于对内部生理刺激的监测。摇蚊交配和产卵都受到一系列激素和行为改变的调控，这些复杂的调控系统非常高效。其中，神经内分泌系统起着重要的调节作用，雄成虫通过交配行为直接或通过神经内分泌系统间接传递能够刺激雌成虫产卵的物质，这些刺激物质存在于雄成虫的附腺中。

（二）相互识别

雄成虫是怎么找到雌成虫的呢？源于其触角内部的特殊构造。

在昆虫纲中，准备进行交配的雌雄个体通常会携带其最明显的特征同时同地的出现，比如萤火虫的闪光、蟋蟀的歌唱及蝉鸣都是典型例子。然而，那些不明显的“招引”行为，在异性相聚和交配时也具有同样重要的作用。在昆虫求偶时，所有的信号都具有特异性，用于吸引同种的异性。

弦音器（chordotonal organs）是一种能接收振动的特化感受器官，是下表皮机感受器，包括一至多个剑梢感受器（scolopidia），如图 2-12 所示。每一个剑梢感受器由 3 个直线排列的细胞构成：亚鼓膜的冠细胞排在鞘细胞的顶端，鞘细胞将神经细胞末端的树状突包裹。

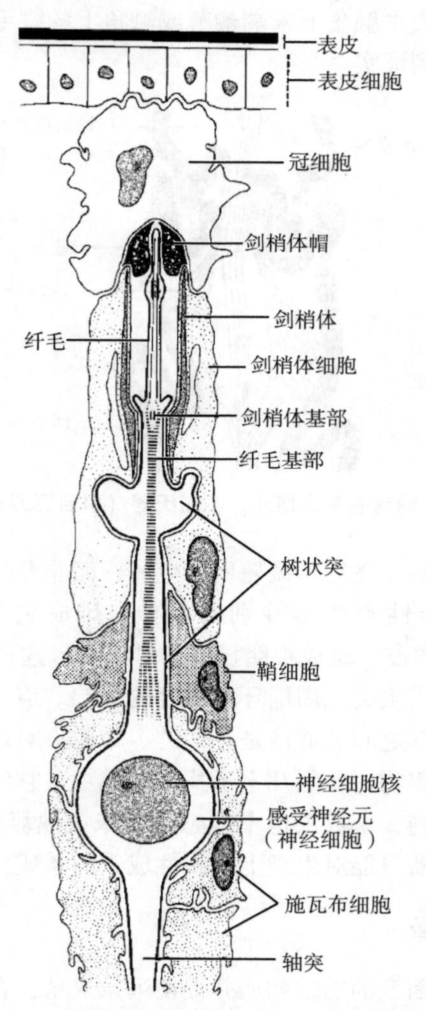

图 2-12　剑梢感受器（弦音器的基本组成单元）的纵切面示意图（引自 Gullan and Cranston，2009）

江氏器（Johnston's organ），如图 2-13 所示，是一种特殊的弦音器，即一种特化程度较高的声波感觉器，具有听觉功能。它位于摇蚊科成虫触角第 2 节的梗节处。在雄成虫鼓起的梗节中，有许多剑梢感受器。这些剑梢感受器一端附着在梗节壁上，另一感受末端则与触角的第 3 节基部相连。这个经过很大程度改进的江氏器可以让雄成虫感受到雌成虫的翼音。这可以通过切除雄成虫触角上末端鞭节或触角上的鞭毛后，雄成虫不能感受雌成虫的声音得到证实。

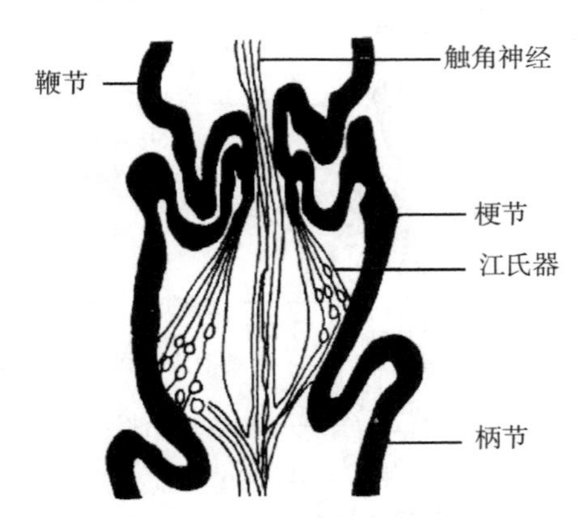

图 2-13　触角基部纵切面，示江氏器（引自彩万志，2001）

所谓翼音是蚊蝇在飞行时振翅所产生的，而非专门发生器产生，这种声音具有种间特异性和雌雄性别的差异。雌成虫飞行时能发出低频（450~600 Hz）的声波，雄成虫明显高于雌成虫。这种声音除了受雌雄性别影响，还可能会受虫龄或周围环境温度的影响。声音信号的产生和接受在一定距离内对相互之间的通信是有效的，雄成虫对这一信号敏感，甚至可以越过一定的障碍物，相隔几十米找到雌成虫。它们对种内其他雄成虫的振翅声音反应迟钝，雄成虫也不能感觉到未成熟雌性个体发出的声音，它们触角中的江氏器只能对生理上达到性成熟的雌成虫有反应。

二、地点选择

婚飞使不同基因型的摇蚊相遇并促使远亲繁殖；在幼虫发育地点呈片状分布并局部分散的情况下，如果成虫不扩散，近亲繁殖就会发生，此时婚飞就显得特别重要。与通过听觉线索相比，形成婚飞群的雄成虫更多地通过种间特异的环境标记物来识别婚飞场地，即通过视觉标志物来识别(可通过非摇蚊科的黑北极舞虻婚飞来了解一下婚飞地点的选择，见图 2-14)。同种摇蚊的雌成虫到达正在婚飞的雄成虫飞群时，一个近旁的雄性通过振翅频率将其分辨出来后，雌雄个体共同飞离婚飞群，在附近的植物、建筑等处立即交尾。

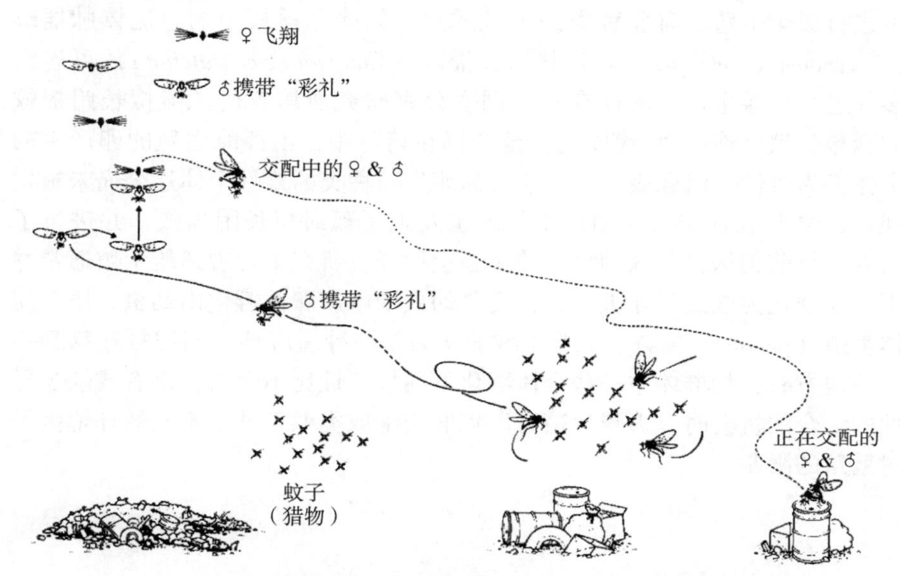

图 2-14 黑北极舞虻 *Rhamphomyia nigrita*（双翅目：舞虻科）婚飞
（引自 Gullan and Cranston，2009）

注：雄成虫在伊蚊属 Aedes 蚊婚飞时将其捕获（在图右中部偏下），并将猎物带到自己婚飞地特定视觉标记物处（图的左侧）。舞虻和蚊子的飞群形成较近显著的界标，包括在冻原地区普遍存在的垃圾堆和油罐。在婚飞的群体中（左上），一个雄性舞虻在一个雌性上空盘旋，它们配对后，雄成虫将猎物送给雌成虫；然后 1 对舞虻降落下来（右下角），交配中雌成虫吃掉猎物。雌成虫似乎仅通过雄成虫获得食物，因为一个猎物太小，雌成虫必须通过多次交配以获得充足的营养供一批卵的发育。

第六节 孤雌生殖（幼体生殖）

摇蚊中还有一些不经交配而进行孤雌生殖（parthenogenesis）的种类。

早在1903年美国的Johannson及Fleclcher就先后发现了孤雌拟长跗摇蚊（*Paratanytarsus grimni*）的孤雌生殖现象，并培养了用该种孤雌生殖卵所培养出的成虫。此后又报道了摇蚊属数种及直突摇蚊亚科中的苔摇蚊（*Bryophaenocladius*）、伪施密摇蚊（*Pseudosmittia*）、沼摇蚊（*Limnophyes*）和阿比摇蚊（*Abiskomyia*）等属的一些种类，在正常情况下可进行孤雌生殖。有些种类的摇蚊成虫，如棒脉摇蚊中的急流棒脉摇蚊（*Conynoneura celeripes*）和片状棒脉摇蚊（*Conynoneura scutellata*）可连续多代进行孤雌生殖。Sasa在日本国立公害研究所培养的孤雌拟长跗摇蚊的孤雌生殖已连续20代以上，至今仍在培养中，由孤雌生殖的卵产生的个体多为雌性。研究表明，不少行孤雌生殖种类的雄性个体迄今尚未被发现。1984年在辽宁大连和沈阳等地也发现了孤雌拟长附摇蚊，并进行了培养，目前仍保存着该种培养的实验室种群。研究中发现孤雌生殖通常并不是在羽化为成虫后才进行的，而是幼虫期就产卵并孵化出幼虫，属于幼体生殖（paedogenesis）。孤雌生殖被认为是一种适应性，当摇蚊迁移到一个新地方时，如群体中一些个体羽化不同批、性比不合适，没有或缺少异性的结合的机会时，孤雌生殖可以克服交配或类似条件下不利的环境因子对繁殖的限制。

第四章 摇蚊学研究

摇蚊科昆虫在水环境监测、环保、农业及水产、古气候重建和传染病学等领域都具有极大的研究价值，一直以来都是国际上重点研究的昆虫类群之一。国际摇蚊学研究已有近200年历史。自20世纪60年代以来，随着世界各国对水环境保护和水产养殖研究的日益重视，摇蚊学研究进入了一个蓬勃发展的繁荣期。每年发表摇蚊科系统学、生物地理学、毒理学、生态学论文数百篇，并陆续出版专著数部，包括各大动物地理分区的摇蚊科名录。国内摇蚊学研究起源于20世纪80年代初期，随着环境保护部门为主开展的有关水环境生物监测等工作，我国摇蚊学研究日新月异，特别是近年间，我国摇蚊学研究有了突飞猛进的发展。

第一节 水环境监测

20世纪初，Cairns和Schalie提出了“生物监测”（biological monitoring）这一概念，它是指利用生物个体、种群或群落对环境污染或变化所产生的反应，来阐明环境污染状况，反映有毒有害污染物在生物体内的富集程度，直接体现环境变化对生态系统影响的环境监测方法。而对于水环境的生物监测，则是从德国科学家Kolkwitz和Marsson（1908，1909）提出的污水生物系统（saprobien system）开始的，他们首次根据特定的单一指示物种（individual indicators）来评价水体受污染的程度，从而开创了关于水质生物评价的研究。

不同的水体环境中会出现不同的生物群落，这些群落并不是毫无理由地随机组合在一起，而是因为在生态系统中扮演不同角色、发挥不同生态功能而形成的有机整体。群落结构的变化，在很大程度上受到特定的物理化学因素制约，氧气的可获得性（有效性）是重要因子，温度、沉积物和基质类型，以及日益受到关注的污染物，如杀虫剂、酸性物质和重金属等因素也很重要。因此，在特定水体中，生物群落成分缺失、数量增减，某些指示生物（如对某种污染有耐性或敏感的种类）的出现或消失，即可以作为评价水质的生物学指标。

经历了一个多世纪的发展，科学家们意识到水环境的变化对生物群落的影响是多方面的，单个生物指数只能从一个或几个方面来反映生物群落状况，因此，水质的各项生物学指标和各种生物监测方法在不断地总结中改进，更趋完善，人们从一开始只选用单个生物指数转向用多个生物指数同时参与水质评价。在美国，虽然 Karr 早在 1981 年就提出用生物完整性指数（Index of Biotic Integrity，IBI）对河流进行生物学评价，但真正得到广泛应用的是在 20 世纪 90 年代以后以鱼类为基础的指数（fish-index of biotic integrity，F-IBI）及其评价标准，和以底栖动物为基础的评价指数（benthic-index of biotic integrity，B-IBI）及其评价标准（Karr，2000）。依据 B-IBI 的建立方法，水质快速生物评价法（rapid assessment approaches）的研究者们提出了多度量指数（multimetric）概念，建立了多度量指数法（multimetric approach）。目前较为常用的快速生物评价指数有生物监测工作组指数（Biological Monitoring Working Party，BMWP，英国，1978，1979）、物种平均得分指数（ASPT）、EPT-Fa 指数、Shannon-Wiener 多样性指数以及 Berger-Parker 优势度指数等，其中 BMWP 指数、ASPT 指数、EPT-Fa 指数仅要求物种鉴定到科级分类单元即可，极大地降低了对物种鉴定的要求。

在水环境中进行生物学监测可以使用多种生物群落，其中利用昆虫群落监测有很多独特的优势，具体包括：①任何水环境中都能找到合适的昆虫种类，它们可以满足不同需求、不同精确度要求的监测；②昆虫在水生生态系统中功能重要且种类繁多，从次级生产者到顶级捕食者都有；③水生昆虫取样没有伦理制约，可以采集足够多的有价值的昆虫种类和个体，且能根据研究需要进行各种处理；④以目前的实验室条件，能够对大多数水生昆虫进行鉴定；⑤许多水生昆虫对干扰（譬如特殊类型的污染）的反应有可预见性，且容易检测。

水生昆虫群落被干扰时，会出现很多可观察到的典型反应，可以很方便地用于水质评价。例如，随着特殊物质（包括沉积物）的增加，某些蜉蝣（譬如腹部具保护性鳃的细蜉科）和石蛾（包括像纹石蛾科这样的滤食者）的丰富度会增加；具血红蛋白的摇蚊科昆虫的数量随溶解氧的减少而增多；石蝇若虫（襀翅目）随水温升高而消失；生物多样性在杀虫剂的作用下大为降低；随着营养水平（有机物富集，或富营养化）的提高，少数物种数量增加，但多样性整体消失，等等。

目前利用摇蚊群落监测水质已经发展出了很成熟和有效的多种程序和方法，主要是利用其幼虫和蛹皮进行水环境监测。

一、以幼虫分布为指标

摇蚊幼虫最早由德国的生态和分类学家 Thienemann（1922）用来系统分析淡水栖境，他首次提出溪流生态和湖泊生态两种概念，后来被不同的学者所采纳，并在此基础上进一步划分了许多小型生态环境。作为科级单元的摇蚊幼虫，常常与目级单元的 EPT（蜉蝣目 Ephemeroptera、襀翅目 Plecoptera 和毛翅目 Trichoptera）并列，单独作为一种指标，用来评价和监测水质。近年来随着水质监测研究的蓬勃发展，单一科级摇蚊昆虫越来越体现出其潜在的应用价值，排除其分类鉴别的难度，其优越性超过了经典的 EPT 监测系统（Sæther，1979；Rosenberg，1993；Resh and Jackson，1993；DeShon，1995；Barbour et al.，1999；Ruse and Davison，2000；De Bisthoven et al.，2005；Arimoro et al.，2007）。

虽然摇蚊幼虫广泛分布于几乎所有类型的水体中，但是不同种群适宜的生态环境不同，每个种群均有一定的耐受范围及最适耐受范围，有的种类适生性广，而有的种类仅能适应一定的生境。生活于近似的环境中，个别耐污性较差的种类（敏感性物种）可以作为环境改变的“哨兵”。一般来说，寡角摇蚊亚科及摇蚊亚科的长跗摇蚊族在流速较大的流水中占有优势分布，其中长跗摇蚊族喜居溶解氧高、未遭污染的流动水体或寡营养湖泊中；而在流速较小的河流中，直突摇蚊亚科的种类占优势；长足摇蚊亚科的多数种类对水温的适应较广，在冷暖水中均可生活，在静水中更为适应，在流水中也可生存。正是依据摇蚊幼虫对环境的特异性和指示作用，人们才可以利用其作为水环境监测的指标种。

一些湖沼学家最初研究和观察了一定环境梯度（营养状态、溶解氧及水深等）下特定摇蚊物种的分布情况（Naumann，1932；Thienemann，1954；Brundin，1956），之后 Sæther（1979）利用欧洲及北美的一些湖泊数据，发现总磷（TP）和叶绿素 a（Chl-a）与平均湖深的比值，与湖泊的营养状态有清晰的指数相关性，而后依据湖泊的营养状态筛选出与之相关联的15种摇蚊种群，运用这些特定的指示类群，可以简单地估测一些湖泊的营养状态。这种简单易行的方法在当时非常有用，且在相当长的一段时间内被广泛应用在北半球温带地区的绝大多数深水湖泊中。但实践发现，对于一些极地区域的浅型寡营养湖泊或者热带地区的湖泊，或同一湖泊出现代表两种营养梯度的指示种时，这一方法的应用会受到限制。

由于地域和摇蚊区系上日本和中国较为相似，因此，Kitagawa（1978）修订后的日本湖泊水质类型的划分系统，有较高的参考价值。1990—1995年辽宁省环境监测中心站开展的对浑河、苏子河、社河及太子河水体中摇蚊幼虫的研究最为系统（王俊才等，2000）。

我国的地面水质标准划分为Ⅰ－Ⅴ类，在不同的水质中，摇蚊幼虫的分布也明显不同。Ⅰ、Ⅱ类水质摇蚊幼虫的种类多，特别是寡角摇蚊亚科、长足摇蚊亚科及其他亚科的稀有种经常出现。依据王俊才等（王俊才和李开国，2000）研究表明：Ⅰ－Ⅱ类水中以直突摇蚊亚科、寡角摇蚊亚科、原寡角摇蚊亚科种类及摇蚊亚科的长跗摇蚊族种类占绝对优势。Ⅲ类水质摇蚊幼虫种类较多，寡角摇蚊亚科的种类几乎不存在，直突摇蚊亚科和摇蚊亚科的种类占优势。Ⅳ类水质中摇蚊幼虫的种类少，种类的个体数量有所增加，耐污种类，如前突摇蚊、环足摇蚊、水摇蚊、多足摇蚊和二叉摇蚊属的种类经常出现。Ⅴ类水质摇蚊种类单一，只出现双线环足摇蚊、三带环足摇蚊及羽摇蚊等少数耐污染种类。超Ⅴ类水质中鲜有摇蚊幼虫分布（表2-2、表2-3）。

表2-2　辽宁各河流指示摇蚊幼虫属级分布

水质类别	指示生物（摇蚊幼虫）
Ⅰ类水质	纳塔摇蚊、大粗腹摇蚊、流粗腹摇蚊、特突摇蚊、寡角摇蚊、北七角摇蚊、拉普摇蚊、同寡角摇蚊、异环足摇蚊、骑蜉摇蚊、浪突摇蚊、刺突摇蚊、罗摇蚊、流长跗摇蚊、瑟摇蚊
Ⅱ类水质	无突摇蚊、似波摇蚊、布摇蚊、心突摇蚊、棒脉摇蚊、双突摇蚊、沼摇蚊、矮突摇蚊、直突摇蚊、似突摇蚊、施密摇蚊、枝角摇蚊、拟隐摇蚊、内摇蚊、哈摇蚊、倒毛摇蚊、明摇蚊、特维摇蚊、毛胸摇蚊
Ⅲ类水质	菱跗摇蚊、环足摇蚊（部分）、特氏摇蛟、真开氏摇蚊、直突摇蚊（部分）、刀突摇蚊、趋流摇蚊、异三突摇蚊、隐摇蚊、齿斑摇蚊、间摇蚊、小突摇蚊、枝长跗摇蚊、长跗摇蚊、锥昏眼摇蚊

（续表）

水质类别	指示生物（摇蚊幼虫）
Ⅳ类水质	前突摇蚊、长足摇蚊、环足摇蚊（部分）、水摇蚊、直突摇蚊（部分）、多足摇蚊、二叉摇蚊
Ⅴ类水质	双线环足摇蚊、三带环足摇蚊、羽摇蚊
超Ⅴ类水质	无摇蚊幼虫分布

表 2–3　浙江省各类水体指示摇蚊幼虫属级分布

水质类别	指示生物（摇蚊幼虫）
Ⅰ类水质	倒毛摇蚊（部分）、马诺亚摇蚊、尼罗摇蚊、多足摇蚊（部分）、狭摇蚊、夏摇蚊、小突摇蚊（部分）、流长跗摇蚊、长跗摇蚊（部分）、拟长跗摇蚊（部分）
Ⅱ类水质	阿克西摇蚊、同摇蚊、隐摇蚊、拟隐摇蚊（部分）、内摇蚊、哈摇蚊、倒毛摇蚊（部分）、枝角摇蚊、明摇蚊、肛齿摇蚊
Ⅲ类水质	拟隐摇蚊（部分）、内三叶摇蚊、间摇蚊、齿斑摇蚊、小突摇蚊、枝长跗摇蚊
Ⅳ类水质	摇蚊属（部分）、二叉摇蚊、晋摇蚊
Ⅴ类水质	花翅摇蚊、萨摩亚摇蚊、枝角摇蚊、暗绿二叉摇蚊、雕翅摇蚊、毛跗球附器摇蚊、弓形拟摇蚊、软铗小摇蚊、耐垢多足摇蚊、三带多足摇蚊、小云多足摇蚊、云集多足摇蚊
超Ⅴ类水质	无摇蚊幼虫分布

二、以蛹皮为材料

除幼虫之外，摇蚊蛹皮以其易采集、种类多、易鉴定、能直接反映水环境健康指标的特点逐渐被学者所采用，目前也已在欧洲和北美等地应用。摇蚊蛹皮与水环境关系的研究可追溯至一个世纪以前（Thienemann，1910），但直到20世纪70年代，以研究蛹皮来了解栖境内摇蚊类群的方法才逐渐被学者们使用。Reiss（1968）和Lehmann（1971）用蛹皮作为幼虫采样的补充来研究底栖摇蚊群落结构。西欧和英国的学者们以摇蚊蛹皮为材料进行水环境监测。在北美以蛹皮作为材料进行生态学、微生物降解、评价丰富度等研究。Ferrington（1991）用3E标准（Efficiency效率；Efficacy稳定性；Economy性价比）评价了流动水面蛹皮技术在监测水环境变化中的表现。结果得出，相同样点蛹皮采集较幼虫采集到的种类更多，更具有稳定性和可持续性，且采集以及鉴定所需要的时间明显少，经济成本低。Wilson 和 Ruse（2005）列举了该方法的一些优势，具体如下：整个河流系统中所有样点的标本均可采集到；对于深的湖泊和水域以及流速快的河流均可轻易采集到标本；对于小的生境，蛹皮可提供整个样点所有区域的摇蚊种类；野外采集成本极低，非专业人士也可采集，且对当地水体影响最小；在目前检索表等资料齐全的情况下，蛹皮鉴定极其快捷；蛹皮数据分析极其快速并可与其他数据进行综合分析；蛹皮的采集对当地生物类群几乎无影响，其采集材料并非活体标本，这在长时间监测中特别重要，因为这种监测需要大量的标本。随后该技术在北美逐渐推广，Kranzfelder 等（2015）更新并详细整理了该技术样点选择、实验流程、玻片制作、物种鉴定等具体操作细节。

无论是幼虫还是蛹皮获取的分类学资料最终都要进行物种指示划分或多样性分析。唐红渠（2006）在其博士论文、王俊才和王新华（2011）在《中国北方摇蚊幼虫》、张恩楼等（2019）在《中国湖泊摇蚊幼虫亚化石》中均详细介绍了物种指示对照以及分析方法。常用的快速测评方法主要有物种丰度与计数、群落的优势度、均匀度、多样性、生物指数以及多种指数相结合的方法。

由于人为活动的加强，湖泊生态系统面临着一系列的威胁，特别是一些生态系统较为脆弱的高山湖泊及超富营养化的平原低地浅水湖泊。湖泊整体营养状态往往呈现边缘较高、深水区较低的现象，这种情况已经不能简单地依靠单一指数来评价。对于一些低地浅水湖泊，摇蚊群落多是一些宽幅耐受物种，在沿岸带及深水区均能生活，加上季节和扰动的影响，很难用来准确评价一个湖泊的营养状态。此时需要结合一些生态分析软件，通过对水体多种生物群落及理化性质的综合分析，尽量获得接近真实的评价结果。

由于水环境污染现象多数以复合型污染物为主，传统的物化监测法仅适用于对单项污染进行精准监测，而生物监测能够打破这方面的局限，因为不同生物在面对不同污染物时会出现不同的应激反应，所以在多种污染物综合作用的情况下，生物监测能够同时完成针对不同污染物的监测，既可以提高水污染监测精准性与效率，同时也能够简化监测操作，降低监测成本，及时反映污染物的综合毒性效应及可能对环境产生的潜在威胁，掌握水环境质量，发现一般监测或理化监测所发现不了的环境问题（许武德等，1997）。当然，生物监测也有局限性，它不能像仪器那样精确地监测出环境中污染物的种类、数量及浓度，它通常反映的是各监测点的相对污染或变化水平；受生物生长规律影响，同一生物指数在一年中会出现季节性变化；自然因素与人为干扰常综合在一起对生物起作用，很难将两者清晰地分开，使评价结果的准确性受到影响。理化监测侧重于分析污染物种类、浓度及污染物总量的控制；生物监测主要研究生物对污染物的反应，以及人为干扰与生态环境变化的关系，分析引起生态环境变化的干扰因素，为受损生态系统的恢复和重建、人与自然关系的协调、生态系统保护以及可持续发展提供科学依据。虽然生物监测和理化监测各有优越性和局限性，但它们在环境监测中的地位和作用都非常重要，在实际使用中，应该将生物指数和理化指标有机结合起来。

第二节　生态毒理学研究

摇蚊幼虫广泛存在于各种水体，种类多，分布广，密度和生物量大（占底栖生物量的70%~80%），且有易繁殖、生长周期短、对毒物敏感性强等优点，是美国国家环境保护局（USEPA）和经济合作与发展组织（OECD）推荐的水生态毒理学测试物种。目前对摇蚊幼虫的毒理学研究主要集中在重金属、农药及其他有机污染物方面，以单一或复合污染物暴露的方式，开展急性或慢性毒性试验，借以评价化合物对生态环境的污染风险。近年来，在基因组学、蛋白质组学方面也取得了一定的进展，对污染物胁迫下抗氧化酶系和解毒酶系的活性水平也开始了研究。

一、急性毒性检测

摇蚊幼虫在生物检测中的应用，主要是急性毒性检测。Khangarot 和 Ray 测定了伸展双叶摇蚊（*Chironomus tentans*）对 10 种金属的敏感性，其中银离子对摇蚊幼虫的毒性最强，而镍离子的毒性最弱。Bleeker 等研究了 7 种硝基多环芳烃（NPAHs）对 1 龄摇蚊幼虫的急性毒性（96 h），结果表明，随硝基多环芳烃化合物中苯环的数量增加，对摇蚊幼虫的毒性也增强。Crane 等进行了 4 龄摇蚊幼虫暴露在甲基嘧啶硫磷杀虫剂中，甲基嘧啶硫磷浓度为 50 ng/g 时，在 48 h 内幼虫全部死亡，并且其体内乙酰胆碱酯酶活性显著降低。Mäenpää 等（2003）研究表明，碘苯腈、灭草松、二甲戊乐灵 3 种除草剂中，碘苯腈对摇蚊幼虫的毒性最强，并且具有更强的生物积累毒性。Anderson 和 Zhu（2004）发现阿特拉津（一种除草剂）在 1 000 μg/L 浓度时（48 h）对摇蚊幼虫毒性不显著，但是当浓度分别为 1 μg/L、10 μg/L 和 100 μg/L 时，阿特拉津与乐果、异吸磷和乙拌磷同时作用时，能够显著增加每一种有机磷杀虫剂的毒性。

马丽丽等（2018）研究氯代烷基有机磷阻燃剂（OFRs-Cl）对摇蚊幼虫的毒性效应，发现 OFRs-Cl 对岸溪摇蚊（*Chironomus riparius*）4 龄幼虫的毒性效应明显，可以诱导摇蚊幼虫体内相应的酶和蛋白，如超氧化物歧化酶（SOD）、过氧化氢酶（CAT）、丙二醛（MDA）、热激蛋白同源物（*HSC70* 基因）和细胞色素 P450 家族（*CYP4G* 基因）等等出现明显的表达上调或下调，并出现羽化提前等现象。

二、慢性毒性试验

摇蚊幼虫的慢性毒性试验研究中主要以孵化率、生长率和羽化率为指标。

污染物暴露对摇蚊羽化的影响同样存在毒物兴奋效应（Hormesis），较低浓度的污染暴露将促进摇蚊羽化，高浓度则抑制其羽化（邓鑫等，2015）。研究人员观察到 837 μg/L 的锡（Sn）中伸展摇蚊羽化时间提前，6 050 μg/kg 的锡显著减缓其生长。Kahl 等（1997）证实壬基酚不会影响到摇蚊幼虫的羽化率、性比和繁殖能力，但双酚 A 和乙炔雌二醇这两种内分泌干扰物却能够影响摇蚊的羽化时间和羽化率，而双酚 A 的影响更为显著。一些内分泌干扰物如三氯苯酚、六氯苯等通过激素分泌促进摇蚊羽化。多数污染物都会抑制摇蚊幼虫的羽化，使其羽化时间推迟，例如重金属镉（Cd）、多环芳烃以及农药林丹等。

大量研究表明，羽化摇蚊的雌雄比例与沉积物中的污染存在显著差异，如研究表明锌（Zn）浓度增加会导致羽化雌性摇蚊数量显著减少，八氯苯乙烯则会引起雄性摇蚊数量显著减少。但污染物导致摇蚊性别比差异的原因尚不明确，需要进一步研究。

Kosalwat 和 Knight（1987）的试验表明，0. 1～0. 5 mg/L 的铜不影响细长摇蚊虫卵的孵化。Powlesland 和 George（1986）用溪流摇蚊进行了 30 d 试验以测定镍的慢性毒性，结果表明，25 mg/L 的镍对孵化率几乎没有影响，但对摇蚊幼虫的生长则具有明显的抑制。研究人员观察锌（Zn）对摇蚊幼虫整个生长周期的影响时也发现，污染物浓度的升高并不影响雌性摇蚊卵块生产率，同时控制组与试验组摇蚊卵块的孵化率也无显著差异。

20 世纪 90 年代初，国外学者提出了用摇蚊幼虫 10 d 亚慢性生长抑制试验来评价沉淀物的生态毒性。Kzrouna-Renier 和 Zehr（2003）的试验表明，在 10 d 的生测周期内，1.0 mg/L 的铜离子浓度可造成摇蚊幼虫的全部死亡，0.5 mg/L 的铜浓度可显著减少幼虫的体重。Hwang 等（2001）进行的 10 d 亚慢性生长抑制试验表明，六氯联苯对摇蚊幼虫的 LC_{50}为 2.38 mmol/kg，并且摇蚊体内六氯联苯残留量随着六氯联苯暴露浓度提高而增加，但体重并没有受到影响。Brooks 等（2003）研究了抗抑郁药氟西汀对摇蚊幼虫的 10 d 亚慢性毒性效果，结果表明，氟西汀的 LC_{50}为 15.2 mg/kg。

第三节　其他研究领域

一、头壳畸变

摇蚊除在指示种（种群）及群落水平上可应用于生物监测外，在个体水平上发展起来的“形态畸变”（morphological deformity）同样可以用于生物监测。但是目前，头壳变形只停留在定性阶段。Lenat（1993）提出了“毒性评分指数”（toxic score index，TSI），将幼虫颏板的变异程度分为三类：Ⅰ类是剥蚀型，颏齿边缘有些被侵蚀的痕迹；Ⅱ类变异指的是一些明显的可观察性状，如多齿、缺齿、间隙增大及颏齿左右不对称等；Ⅲ类变异指的是Ⅱ类变异出现的性状中，最少出现 2 种，变异程度逐渐加强。Al-Shami 等（2011）发现最常见的变异是颏板中齿，其次是第一、第二侧齿，而最难发生变异（即仅在污染最严重的情况下才能发生）的是末后 4 对侧齿。通过对不同位置的颏齿进行区分，可以对重金属污染源的识别更有针对性，但是目前所有有关形态变异的研究均缺少污染浓度与变异程度的定量关系。

二、活体饵料的开发利用

摇蚊幼虫虫体营养丰富，含干物质1.4%，其中蛋白质含量高达41%~62%、脂肪含量为2%~8%，是鲫、鲤、鲑、鲟、梭鱼等18科重要经济鱼类的优质天然饵料，也是极具开发前景的观赏鱼和经济幼鱼鲜活饵料，以及中华鳖、大鲵、棘腹蛙、墨吉对虾等水产经济动物的天然食饵。就鲑鱼来讲，摇蚊是褐鳟（*Salmo trutta*）、彩鳟（*Barilius dogarsinghi*）、红点鲑（*Salvelinus leucomaenis*）的主要食物。Brown等（1980）通过对鲑鱼取食和消化之间的关系研究表明，摇蚊经常出没在晨昏之际，而鲑鱼又能够在可见光很低的情况下进行捕食，因此鲑鱼的野外主要食物来源之一就是摇蚊的蛹及其刚刚羽化的成虫。研究表明，自由生活的摇蚊种类比如前突类和一些直突类比起那些管栖的种类如摇蚊属和长跗摇蚊等，被捕食的概率要大得多，管栖摇蚊种类在其虫体离开巢穴时，更易被鲑鱼捕食。

脂肪酸是水产饲料中必不可少的重要营养物质。n-3高度不饱和脂肪酸（n-3 HUPA）是仔稚鱼的必需脂肪酸，尤其是廿碳五烯酸（EPA，20：5n-3）和廿二碳六烯酸（DHA，22：6n-3）。海水鱼不能把亚麻酸（18：3n-3）自身生物合成为EPA和DHA，所需要的EPA和DHA只能从饲料中摄取（Bessonart er al.，1999；Villeneuve et al.，2005）。大量研究表明摇蚊富含EPA和DHA，能够满足仔稚鱼对HUPA的需求，可使仔稚鱼的生长和成活率大大提高（Kamler et al.，2008；Sahandi，2011）。在野生环境下摇蚊幼虫还富含谷氨酸、丙氨酸、天冬氨酸、亮氨酸等氨基酸，而这些氨基酸不仅对鱼类的嗅觉和触觉上有诱食作用，还对鱼类具有一定的营养作用，可以提高新陈代谢速度和鱼体健康程度，促进鱼体各种酶的产生，提高摄入饵料的利用率。基于摇蚊幼虫对大多数肉食和杂食性鱼类有着不可抗拒的引诱性，陈翔等（2013）利用摇蚊幼虫提取液对鲤鱼进行52 d的诱食效果试验，研究表明投喂摇蚊幼虫提取液饲料试验组鱼体单尾平均净增重量达到46.04%，比未添加摇蚊幼虫提取液的对照组多16.69%。

我国高密度集约化养殖水体污染主要是由残饵、排泄物、死去的养殖对象引起的，其中残饵是最主要的污染因子。但被水产动物吃剩而残存于饲养池中的摇蚊幼虫不像人工饲料那样由于腐败分解而引起水质变坏，不会对养殖对象产生危害，因其大量摄取水体中的有机碎屑，具有净化水质的作用。在饲养热带鱼、金鱼等高级观赏鱼时，要想避免污染水质，摇蚊幼虫是其首先选择的理想饵料。

目前世界多个国家已掌握人工养殖摇蚊幼虫的技术，在当今蓬勃发展的水产养殖生产实践中，体现了重要的经济价值。国内已在辽宁、浙江、天津、四川、广东等地，开展有关摇蚊生物学及人工产卵技术的研究和规模养殖。

三、生态学研究

摇蚊幼虫具有重要的生态学意义，它们是水生生态系统、湿地生态系统食物链中的重要角色。首先，它们作为初级消费者主要以水底有机物碎屑为食，吞食藻类，可观的摄食量使它们成为净化水质的好帮手，在加速水体有机物矿化和消除有机物污染等方面具有显著作用；其次，如前文所述，摇蚊幼虫富含蛋白质、脂肪等营养物质，是次级消费者——鱼类的优质天然饵料，它既能满足幼鱼的营养需求，又能被水体底层的鲤、鲫等成鱼摄取；最后，鱼类的丰富势必会吸引终极消费者——鸟类的到来。这样，藻—虫—鱼—鸟，再加上分解者，完整的食物链成就了生态平衡。

四、水质净化

摇蚊幼虫是淡水底栖动物中的主要类群，是各类水体生态系统中物质流及能量流中的重要环节。在净化污水，特别是有机污水中，一些腐食性及植食性种类的摇蚊幼虫能够通过摄食与代谢，降低水体富营养度，在污水净化中起重要作用。摇蚊幼虫还可以吞食大量藻类，尤其是蓝藻和绿藻来净化水体，还可以通过分解水中有机物降低生化需氧量，加速水中有机物质的循环。

研究表明，高密度的摇蚊幼虫群体能够每天每平方米同化掉湿重为80~177 g的有机废物。王丽珍等（2004）对羽摇蚊幼虫食性分析表明，其消化道内所含食物重量约为虫体重的10%，显微镜观察食物内多为藻类和菌类。藻类以微囊藻为主，菌类以芽孢杆菌为主，两者占食物总重量的70%。摇蚊幼虫个体虽小，但总体数量巨大，故其摄食总量是相当可观的。经计算在滇池的马村湾、海东湾实验区水体中，1 kg摇蚊幼虫每日摄食藻类等有机物0.094 kg。王丽珍等（2004）指出摇蚊幼虫能通过吞食大量藻类，尤其是蓝藻和绿藻来净化水体，并可分解水体中有机物，从而降低生化需氧量；水中部分有机物被摇蚊幼虫摄食后，可分解为营养无机盐类被水生植物所吸收，从而更好发挥水体中物质循环的有机物矿化作用。

五、遗传学研究

摇蚊幼虫消化器官，特别是唾液腺的体细胞中，具有间期代谢旺盛的多线化的巨大染色体。摇蚊体细胞一般有 8 条（$2n=8$），少数有 6 条染色体。每个染色体上带纹的宽窄、数量、疏密及排列顺序都因种与种之间的不同而异，这种形态结构的不同为研究摇蚊种群分化提供了有利条件，同时摇蚊幼虫也成为细胞遗传学染色体实验良好的实验材料。

六、古生物学与古气候重建

摇蚊幼虫蜕变过程中会脱落几丁质化程度很高的头壳和蛹皮，其在沉积物中能得到很好地保存，或可形成化石或亚化石。由于摇蚊幼虫分布广泛，几乎可在任何水体环境中生存，且数量丰富，少量的沉积物样品即可筛选出足够用于分析的头壳。大部分摇蚊生态幅较窄，种群中不同属种对特定环境的干扰具有不同的响应方式，因此其亚化石头壳可反映沉积时的环境条件，摇蚊本身的这些特点也使其成为古环境研究中的有效指示生物。这些提取自亚化石中的头壳大多可以鉴定到属甚至到种，进行古气候的重建、建立气候转换模型等研究。

摇蚊还可为其他指标重建结果提供辅助补充作用。例如，沉积物硅藻可很好地指示上层水体环境条件，其种群变化可反映水体酸碱度或营养水平的改变。而作为底栖动物的摇蚊除了上述功能，还可以揭示水体底部溶氧、水生植被等环境的改变。这样使得不同生物指标推演的古环境结果有了校正和对比的可能（Battarbee et al.，2001）。

近年来，古湖沼学发展迅猛，通过提取湖泊沉积物中一系列指示水生植物（硅藻、水生植物化石、孢粉等）和水生动物（摇蚊、枝角类、介形类）等不同生物类群的亚化石，有效地反演过去湖泊生态环境的变化（Moser，2004），为有效恢复原始状态下水生生态系统结构及功能特征提供了强有力的技术支撑（Bennion & Battarbee，2007）。

七、分子生物学

DNA 条形码由 Paul Hebert 于 2003 首先倡导并将其应用到生物物种鉴定中，它不但用来对已知物种进行归类，还可以匹配相同种的不同生活史。摇蚊科昆虫种类丰富、个体众多，此前的学者都是基于形态学研究摇蚊类群的，而且幼虫与成虫分类存在“各自为政”的现象。同传统方法相比，基于分子的系统学研究，能够解决一些单纯依靠形态特征无法解决的分类问题，并能为分类学中的种类鉴定、亲缘种及单系类群的识别提供简便快捷的方法。通过系统发育学研究，可以了解该科各类群的进化关系，解决一些有争议物种的界定以及相关物种的生物地理分布。

DNA 条形码已被广泛应用于摇蚊科的系统分类研究中。基于从摇蚊不同虫期中提取 DNA 这一技术手段的成熟，加上 DNA 条形码建立的全球性资源共享与物种鉴定平台优势，及其在摇蚊科中很高的物种鉴定可靠性，应用 DNA 条形码技术以及宏条形码（metabarcoding）技术进行摇蚊科昆虫系统学研究，已经在国内外广泛开展。目前，使用单个基因研究摇蚊科系统发育的研究较少，更多的是多个基因的联合使用（核基因的联合、线粒体基因的联合或者核基因结合线粒体基因）。对于同一类群，采用不同基因序列可能会得到不同的系统发育关系结果，出现基因树冲突等问题，而系统发育基因组学的建立对于解决基因树的冲突能够提供有力帮助。

Ekrem 等（2010）对摇蚊进行了 DNA 条形码研究，提取摇蚊雄成虫与雌成虫的 DNA 条形码，经比对发现：77.6%的雌性摇蚊成虫能够与其对应的雄虫相匹配，且全部雌虫均能够依据 DNA 条形码鉴定到属，因此认为利用 DNA 条形码结合传统的形态分类学，对摇蚊属级和种级水平的鉴定十分有效。Huang 等（2011）利用 DNA 条形码并结合形态特征对 *Pontomyia* 属的 4 个近缘种进行了区分鉴定；Cranston 等（2015）和 Crosch 等（2015）都基于分子标记的研究，认为将 *Paratrichocladius* 属作为 *Cricotopus* 属的亚属对待；Carew 等（2015）应用核基因 *CAD* Ⅰ和 *ZMP* 基因对一些种间形态变化较大（或种间耐污染程度不同）、耐盐性高的摇蚊物种进行了研究，认为和基于线粒体基因（*CO* Ⅰ、*Cytb*）的研究有所不同，在生物检测研究中核基因和线粒体基因相结合是比较好的选择；Lin 等（2015）首次在昆虫的一个属内用 2 790 条DNA 条形码研究其用于物种划分的有效性，结合了不同的模型进行分析比较，大部分形态学物种在 *CO* Ⅰ得到支持，并发现了一些隐存种和错误同物异名，提出 4%~5%的平均遗传距离可以作为物种划分的阈值，高于其他类群 2.2%左右的阈值，该属种内最大遗传距离可以达到 8.5%（*Tanytarsus occultus* 欧洲与亚洲种群），同时从全球范围内取样，用若干核基因片段构建系统发育树，推测了属的进化历史，并进行了生物地理学分析；Meier 等（2016）建立了一种花费较低的（一个样本少于 1 美元）的 DNA 条形码探针技术，能从大量样本中发现稀有物种以及同一物种不同虫态的匹配。闫春财等（2016）总结了常用核基因和线粒体基因在摇蚊科系统发育研究中的应用情况：整理了摇蚊科主要类群的演化和系统发育关系，归纳出几种常用核基因（18S rDNA、28S rDNA、*ITS*、*EF*-1*a*、*CAD*、组蛋白 *H*3 基因）和线粒体基因（*CO* Ⅰ、*CO* Ⅱ、*Cytb*、16S rDNA）在摇蚊科昆虫各分类阶元中的适用范围和应用情况。Qi 等（2017）利用 DNA Barcording 技术对采自仙居国家公园的马诺亚摇蚊属（*Manoa* Fittkau，1963）一新种——仙居马诺亚摇蚊（*M. xianjuensis* Qi and Lin，2017）进行了雌、雄匹配。马诺亚摇蚊属隶属摇蚊亚科伪摇蚊族（Pseudochironomini），是伪摇蚊族在中国的首次发现。

在 RNA 方面，目前我国已有专家团队做出了最新研究。他们筛选出了影响幼虫蜕皮的重要基因，将其转录后令其沉默，这种 RNAi 技术直接作用于摇蚊幼虫的遗传物质，由双链 RNA（dsRNA）诱发同源 mRNA 降解，靶向沉默特定基因，抑制其表达，阻止相应蛋白产物的合成，引起生物体相关功能的丧失。作为一种强大地反向遗传工具，RNAi 技术具有高度的序列专一性和有效的干扰活力，已被证实在控制摇蚊幼虫种群密度和虫口数量方面安全有效。详见第四篇第八章。

第五章　摇蚊的危害

每年的固定物候期，数量惊人的摇蚊成虫在世界各地的自然和人工水生环境中集中羽化，其羽化往往是在相近的时间内进行，羽化后成虫的密度巨大，不仅对人类健康构成了潜在威胁，而且给环境和公共设施、其他动植物带来了一定影响。

第一节　对人类健康的危害

摇蚊成虫虽然口器退化，不吸血，也几乎不取食，但它们集群婚飞，且它们和蚊科昆虫一样对二氧化碳、温度和汗水十分敏感，能在一定距离内感知到恒温哺乳动物的存在，并具有追踪这些动物的本能。当人类运动行走时，它们就会在人的身边或头顶上空成团婚飞，挥之不去，追人没商量，甚是讨厌！若成虫飞入眼中，轻者影响视线，重者可引起结膜炎症；成虫可被吸入或飞入人的口腔、鼻腔以及耳朵里，因而影响了人们的一些室外活动，也有报道群飞集体还可以使牛窒息；有时落入衣领中引起皮肤骚痒或其他过敏反应。即使没有人类活动，它们也会在树木、房屋、物体的上面、侧面、近旁处大规模婚飞，造成扰民事件，密集停栖更让密恐者望而却步。

摇蚊成虫现在还没有定论是否是一些疾病的携带者，我国未将其纳入病媒生物和卫生害虫之列。但是，不可否认的事实是，它们经常出没在被污染的地区。很多研究资料报道，摇蚊幼虫携带大量的细菌和病毒，导致疾病的传播。大多数种类摇蚊幼虫体内的血红蛋白是世界上广泛而重要的变态反应源之一。在非洲、欧洲和亚洲等地，都是人类重要的致敏源，能引发过敏体质人员致敏，加剧如支气管哮喘、鼻炎、结膜炎患者的病情，严重的哮喘使人休克，甚至死亡。经流行病学调查证实，红裸须摇蚊

(*Propsilocerus akamusi*) 是一种仅次于尘螨的强烈变应原。该种在江苏太湖 11 月中旬为盛发期，当地不少居民因暴露接触而过敏，成为哮喘和其他变态反应性疾病的诱发因素。

尽管国内有关摇蚊引起人类过敏疾病的专门报道不多，但是中国江湖水域广大，人口密集地区水体富营养化严重，摇蚊大量滋生与疾病密切相关应该引起高度注意。

第二节 对环境及公共设施的危害

一、摇蚊卵和幼虫对水体的影响

城市中的自来水厂、污水处理厂、高层水箱、景观水体、各种水池和娱乐性的人工水体，为摇蚊“亲近”人类生活创造了便利的条件，摇蚊幼虫的滋生影响了水的质量。城市供水系统中也有摇蚊幼虫的产生，我国 20 世纪 80 年代起，已有广东、四川、陕西、江苏、浙江、上海、天津等 10 余个省及直辖市相继出现摇蚊幼虫污染供水系统的事件。摇蚊幼虫（红虫）在水厂的滋生明显地影响城市供水的感官指标，并导致管道堵塞、供水不畅，引起了人们对饮用水水质安全的疑虑和恐慌，严重影响了人们的正常生活。沈阳市某企业的水管道堵塞物中，除了有污泥、细菌、原生动物、藻类外，还发现有黄羽摇蚊（*Chironomus flavipolumus* Tokunaga）和孤雌拟长跗摇蚊的幼虫。这些幼虫来自露天贮水池和凉水塔，在贮水池沉积物中黄羽摇蚊幼虫的密度为 1 536 条/m^2，凉水塔沉积物中孤雌拟长跗摇蚊的密度为 592 条/m^2。它们是在羽化产卵并孵出幼虫后随循环给水进入管道的，在适当的位置用原足钩住管壁或沉积物，为摄食和避免被水流冲走，利用周围泥土和碎屑筑巢栖息。在管道中每 100 cm^2 的沉积物中有黄羽摇蚊幼虫 3 条，孤雌拟长跗摇蚊 1 条。幼虫在筑巢过程中分泌黏液，使巢穴黏附在周围沉积物中或管壁上，这样在加强了沉积物固着的同时，也导致了管道堵塞和输水不畅。

污水处理系统的分离池、沉淀池、曝气池等类型的水体更易受到摇蚊幼虫的青睐。与城市供水系统截然不同的是，污水中富养化程度高，给摇蚊的滋生和繁殖，及对人群的亲近性创造了极好的条件。此外，大量的有机物还阻碍了化学药物效能的发挥，摇蚊幼虫的繁殖迅猛，故污水处理管道堵塞的事件屡见不鲜。

作为水生态系统中重要的组成部分，摇蚊幼虫等一些底栖生物是某些经济鱼类的饵料生物，而且其群落结构与水体环境有着密切的关系。影响水生生物的生态因子通常分为非生物和生物两大类，前者是指温度、相对湿度及光照等气候因素和食物、营养以及物理、化学条件等；后者则是指在同一环境中生物间的相互关系，主要是种间关系。因此，水体中摇蚊幼虫大量孳生的生态学因素主要可分为以下几类。

（一）生物因子的影响

在淡水水体中存在着两条典型的食物链关系：①牧食食物链：浮游植物→浮游动物→水体鱼类；②碎屑食物链：死亡有机物→细菌、底栖动物→浮游动物→水体鱼类。这两条食物链彼此交错进而形成食物网。摇蚊幼虫种群是初级消费者、次级生产者，在同一营养层次中占有很大份额，在群落与环境的能量流动和物质循环中起着相当重要的作用，它的上、下营养级的变动都可能对其产生很大的影响，使之出现异常。由于水体中外界营养物质如氮、磷等大量输入，引起水体的富营养化，导致藻类大量繁殖和有机物含量增加，并出现了下级营养过剩的情况。这为以摇蚊幼虫为代表的底栖动物提供了丰富的饵料，使得它们的摄食竞争压力大大降低，为其生存和发展提供了广阔的空间。长期以来，人类在肆意对自然资源开发利用时，对其再生与可持续发展未给予重视，造成了资源日益枯竭的恶性后果。在我国的许多水库、湖泊中，因人为的捕渔影响使得许多水体中出现了贫鱼、无鱼的情况，当上级营养者遭到破坏时，由于捕食关系的影响，摇蚊幼虫的生存压力得到了极大缓解，脱离了上级捕食者的制约，在下级营养物质充足的条件下，势必造成其大量繁殖。

（二）非生物因子的影响

1. 温度的影响

温度是影响摇蚊幼虫代谢的关键因素，其孵化、生长、发育、呼吸、运动、化性、羽化、婚飞均在很大程度上受此影响，而其调控机理在于温控新陈代谢关键过程中的酶活性及生化反应场所的阈值，从而达到促进或抑制作用。一般认为，蚊类幼虫的适宜温区为10~35℃。根据对温度的适应情况，幼虫类群大体可以分为明显的两类——狭冷型（cold stenothermal species）和喜温型（thermophilous species），处于两者之间的一般称为广温型（eurythermal species）。前者主要是一些生态幅较窄的寡角摇蚊亚科、寡脉摇蚊亚科及一些嗜冷性的直脉种类，这类幼虫的最适温度常年低于10℃；而喜温型主要是低地平原的摇蚊亚科的一些种类，其生态幅较宽，且其最适温度常因栖境不同而有所差异（Marziali and Rossaro，2013）。

同一物种在适宜的温度条件下，达到性成熟的个体长度一般要比在冷温下成长的个体偏小，这与其生活环境息息相关。在较高温度下，幼虫需保持较高的代谢速率，要不断地维持补给个体发育所需的能量，因此要保持较高的比表面积，降低个体大小，缩短发育历时，这也就解释了为什么颐和园早春扰民的优势种——齿突水摇蚊在3月中下旬及以后的成虫个体要比3月上旬羽化初期的要小。研究表明，在食物和其他环境条件适宜的条件下，在一定的温度范围内，升高温度可加快摇蚊幼虫的生长发育速度，缩短周转率。研究人员在实验室不同温度下培养林间环足摇蚊（*Cricotopus sylvestris* Fabricius）时，发现该种在15℃时完成幼虫发育需28 d，而在22℃仅需10 d。其他的一些室内研究也有同样或相似的发现。在野外，同样的情况也被发现，如Rosenberg等（1993）发现一些摇纹幼虫在夏季温暖的季节中生长非常迅速，有时可完成一代甚至更多，而到寒冷的月份完全停止生长。

2. 溶解氧的影响

许多深水湖泊或其他遭受有机污染的水体中，溶解氧常处于相对较低水平，对于生活在这种环境中的底栖动物来说，溶解氧明显成为它们的限制因子。溶解氧较之前面的温度是次级考虑因素。由于其浓度受温度和深度影响较大，因此常与其他因子共同考虑。湖泊水体在温度转变之际，常常形成垂直分层或同温体，溶解氧也随之出现同样的规律。北方低地湖泊一般一年有两次湖水完全混合，多发生在中秋和晚春；高原湖泊多一年一次，发生在冬季或早春时节。根据温度及溶解氧的垂直分层情况，湖泊水体可简单分为上层、中层和下层。摇蚊幼虫常年生活在水体下层，常常面临缺氧甚至是厌氧环境。这种生存环境决定了它们的生存策略，极少有幼虫可以长期生活在厌氧环境中。深水区底栖的幼虫通常为红色，借助于亲氧阈值较低的血红蛋白及发达的附属器官（如腹管、侧腹管）来维持艰难的生活，环境进一步胁迫时，则采取休眠或者迁移等方式。

此外，还有诸如盐度、深度、海拔等影响因子。

二、摇蚊成虫对城市环境的影响

摇蚊婚飞群出现在一些建筑物上，形如烟雾，往往被误认为火灾，曾多次产生过这种误会。如 1950 年 9 月 15 日，北京鼓楼顶上忽然升起一股浓烟，群众见之大惊，以为鼓楼失火，急报火警，待消防人员赶来，才弄清并非烟雾，原来是一大批摇蚊汇集鼓楼上空，形成浓烟似的集群。这批标本由王林瑶先生采集，至今仍保存于中国科学院动物研究所标本馆中(彩图 1)。1974 年 4 月在昆明及贵阳等地也曾产生类似的误会，当时发现桉树上冒烟，经深入观察，实为摇蚊的婚飞群。这种将摇蚊婚飞群误认为烟火的事例，在国外也曾多次发生。

近年来，许多媒体引用电影《唐山大地震》的开篇镜头，予以形容大量摇蚊成虫婚飞给人们视觉带来的影响。“谈蚊变色”是北京市朝阳区二道沟地区居民在 2010 年的真实生活写照，当地居民清晰地描述了当时空间环境中大量摇蚊聚集的情景：“每年的三四月份这片红砖墙都变成黑墙了!”“蚊子扑面而来，一出门蚊子就糊一脸!”“一吸气蚊虫就能吸到气管里，大人还能避着点，小孩就惨啦!”同样的情况在武汉东湖、杭州西湖等地都不同程度出现，严重影响了人们的正常生活。

三、摇蚊成虫对工业生产的影响

摇蚊对工业生产的影响涉及食品行业、医药工业、精密仪器工业、涂料企业、喷漆制造行业等产业。上述工业生产线要求环境清洁卫生，如生产环境中有大量的摇蚊成虫活动，尤其在夜间由灯光引诱进入室内，会造成对精密仪器、药品和食品等产品的污染。喷漆过程成虫会影响质量。

四、摇蚊成虫对交通安全的影响

20 世纪 80 年代初，意大利威尼斯机场由于飞机跑道上有大量摇蚊尸体影响了飞机的正常起飞。此外，大量摇蚊成虫的尸体在路上堆积使路面变滑，引起交通事故；摇蚊大量繁殖婚飞的阶段对湖泊中船只的航行带来危险；成虫可以钻进汽车车箱内骚扰司机的驾驶；钻进汽车，遮盖车灯与风板，阻碍汽车的散热与空调机的正常运转，继而引起车祸，这虽是偶见的案例，却可能造成车毁人亡的悲惨结果。

五、摇蚊成虫幼虫对城市旅游的影响

随着国家公园和自然保护区以及湿地公园的蓬勃发展，国内外许多知名的旅游城市，都具有自然的山水一体或人工打造的美丽水体景观。在众多的风景旅游城市中，湖、溪、湿地等自然水体和人工筑建的景观水体，给秀美的风光增添韵色，吸引着各地游客前来观光。但近些年，由于大气、水质等因素不断变化，每年旅游旺季都是水体中摇蚊繁殖婚飞的高峰，致使水域周边、植物或建筑物上停满了成虫。婚飞的成虫扑面而来，给游客和行人带来恐惧和不便。北京、天津、广州、深圳、成都、武汉、杭州、福州、南昌、东莞等地著名风景点的游客投诉频繁，周边居民呼声强烈，已形成了瞩目的公共环境问题。

具体到北京，这里的城市湿地多具有特殊而重要的生态功能，或辖有一级水源保护区，或为不可或缺的景观水体，或是市民亲水的良好选择，且该生态系统中多样性指数高，具有种类丰富的鱼、虾、蟹等水生动物，螺、蚌等底栖动物，藻类和水生植物。随着全球气候变暖和生物适应性的增强，特定的摇蚊种群在北京城市湿地中已多次区域性集中爆发，从还寒的初春，到瑟瑟的深秋，成虫婚飞扰民现象屡见不鲜，给公众的游憩环境和身心健康造成了一定程度的负面影响。

为解决这一问题，需要对当地的摇蚊种群进行本底调查，明确优势种种类、发生规律和生态习性，分析爆发的主要原因，才能为精准防控提供科学依据。而首都北京针对摇蚊的生态治理也势在必行！务必要以“护首都一方净水、保民众身体健康”为前提，以保护湿地生态环境为原则，采用环境友好型措施，达到标本兼治的科学防控目的。详见第四篇。

第三节　对水生植物的危害

一、对水稻的危害

国内已有记录危害水稻的有黄羽摇蚊和林间环足摇蚊（王新华，1998）。这两种幼虫在我国北方每年5—6月为害稻苗，尤以排水不良的低洼田，特别是死水田受害较重。在稻田中，浮游于水中的幼虫危害稻苗幼

茎和漂浮在水面中的叶片，常多条幼虫一起啃食幼茎和叶肉，受害叶片仅留白色表皮漂在水面，此时的苗期发育受到影响；在底泥中掘穴的幼虫啃食水稻的幼根，常造成稻苗生长衰弱或缺苗断垄现象。

二、对莲的危害

危害莲的摇蚊主要是莲狭口摇蚊（*Stenochironomus nelumbus* Tokunaga and Kuroda），一年有 2 个世代，成虫羽化高峰分别在 4—5 月和 9—10 月。羽化后成虫产卵于水中，幼虫孵化后沿莲的根茎爬至荷叶上，从叶背边缘潜入叶内，每头幼虫具独立蛀道。危害盛期，几十或数百的幼虫蛀道纵横交错，致使整片荷叶烂死。受害的叶片表面呈黑色，蛀道内充满水，呈半透明膜状，成熟的幼虫在蛀道内化蛹，3~7 d 后蛹成熟，羽化时突破叶面表皮飞出，婚飞产卵后完成一个世代。由于该幼虫只能在水中进行气体交换，故离开水面的荷叶不受其害。幼虫的为害期从 4 月持续到 10 月底，其中 7—8 月幼虫摄食量大，荷叶受害最重。另外，对用种子繁殖的实生苗危害最重，因实生苗在水中，叶片面积小，且只有四五片叶，易遭到蛀食。

三、对莼菜的危害

在塘堰、湖泊等大量种植莼菜的水体中，摇蚊幼虫从水中爬至莼菜叶面咀嚼蚕食，这与莲狭口摇蚊幼虫穴居于荷叶组织内的生活方式不同，因莼菜叶薄，叶内不易藏身，幼虫蚕食后仍在叶外生活或转移到其他叶片上去。莼菜被蚕食后，受损叶片仅剩下极薄的透明表皮，遇幼虫生长旺盛期众多叶片被蚕食殆尽。据报道，危害莼菜的摇蚊有三带环足摇蚊、片状棒脉摇蚊和多足摇蚊的幼虫，其中以三带环足摇蚊幼虫的危害最重。

第四节　对水生动物的危害

一、对淡水珍珠蚌的危害

三角帆蚌是国内也是全世界最优良的淡水育珠蚌，其幼蚌易受摇蚊幼虫的危害，造成蚌壳穿孔而死亡。据调查，为害三角帆蚌的摇蚊有浅白雕翅摇蚊（*Glptotendipes pallens*）和若西摇蚊（*Chironomus yoshimatusui*）。据记载，在江西抚州，摇蚊幼虫在3—11月均可危害育珠蚌，以4—6月危害最重。此时正值摇蚊幼虫3~4龄的生长盛期，接近老熟，个体大，取食量大，危害严重；同时，又正值育珠蚌的生理软弱期，特别是幼蚌，受害最为严重。摇蚊幼虫极易从壳顶很薄的部分咬破蚌壳，造成穿孔，水侵入蚌体内脏，病原菌也随之进入，造成幼蚌的死亡。对成蚌的为害特征是，啃去蚌壳的外表层（角质层）和棱柱层，剩下珍珠层，在壳面上造成许多凹陷。人工养殖时，小型网袋装吊的幼蚌没有泥沙的保护，易附着摇蚊幼虫，加之网袋的阻拦，小鱼啄食不到蚌壳上的摇蚊幼虫，摇蚊幼虫在网袋的保护下迅速生长，啃食蚌壳和附在蚌壳上的其他物质，对幼蚌造成严重危害直至死亡。

二、对鱼苗的危害

危害鱼苗的摇蚊有前突摇蚊属（*Procladius* sp.）、粗腹摇蚊属（*Tanypus* sp.）、摇蚊属（*Chironomus* sp.）和环足摇蚊属（*Cricotopus* sp.）的幼虫，主要是幼虫营自由生活的种类。在春季鱼苗培育期，也是幼虫摄食的良好时期，此时游动或静伏的幼虫碰到鱼苗后，利用上颚和前、后原足钩在鱼苗的背、腹部，有的缠绕在头胸部，鱼苗在被伤害情况下数分钟即可死亡。因此，在鱼苗繁殖期要特别注意摇蚊幼虫的危害。

第三篇

颐和园摇蚊科记述

第六章　颐和园摇蚊科记述

将采集的摇蚊幼虫、蛹期和成虫样本制成玻片，利用电子显微镜观察其形态学特征。制片方法参照 Sæther（1969）、唐红渠（2006）和刘文彬（2017），研究形态学术语及测量标准参照 Sæther（1980）。

经鉴定摇蚊科在颐和园有 3 亚科 14 属 21 种。本章对每种的雄成虫和部分种的幼虫期、蛹期进行描述，附图 28 幅，同时给出了各级分类检索表及相关文献和国内外分布。

颐和园摇蚊分亚科检索表

雄成虫

1. 具 R_{2+3} 脉；若缺，则 R_1 脉和 R_{4+5} 脉紧密靠近 …………………………… 长足摇蚊亚科
   无 R_{2+3} 脉；R_1 脉和 R_{4+5} 脉之间的距离宽 …………………………………………… 2
2. 抱器端节与基节愈合，前足第一跗节比胫节长 ………………………………… 摇蚊亚科
   抱器端节可动且常折于抱器基节内面前足第一跗节短于胫节 ……… 直突摇蚊亚科

蛹期

1. 胸角很发达，具明显的气盾板，少量种类不发达或者无气盾板。胸角从不分枝状。肛叶末端具有 2 根巨毛 …………………………………………… 长足摇蚊亚科
   胸角常很发达或无，无气盾板，常分枝状。肛叶无薄片状或硬毛状巨毛。肛叶有或无缘毛 ……………………………………………………………………………… 2
2. 肛叶有或无缘毛且有或无刚毛，胸角从不分枝状，常无。第八背板的后侧边缘常没有脊或成簇的刺 ………………………………………………………… 直突摇蚊亚科
   肛叶常有缘毛但无刚毛。胸角大部分分枝状（除长跗摇蚊族和部分伪摇蚊族）。第八背板的后侧边缘常有脊或一簇刺 ……………………………………… 摇蚊亚科

幼虫

1. 触角可头壳中收缩，颏发育不充分 ………………………………… 长足摇蚊亚科
   触角不能收缩，颏发育良好 ……………………………………………………… 2
2. 颏板侧腹加宽形成腹颏板，常具有影线；腹颏鬃不存在 ……………… 摇蚊亚科
   腹颏板如若膨大，则无影线，但其下具有颏鬃……………………… 直突摇蚊亚科

长足摇蚊亚科 Tanypodinae

雄成虫翅长，翅脉清晰，翅膜区覆大量大毛，具有 MCu 脉和 R_{2+3}脉，R_{2+3}脉常分支为 R_2 和 R_3 脉，翅常具色斑，臀角常发达，腋瓣具大量缘毛。雄性触角常 14 鞭节，倒数第一鞭节比倒数第二鞭节短。部分雄成虫偶具雌性触角。前胸背板发达，偶具前胸背板鬃。盾片常具明显色斑或色带。中鬃常多列存在。背中鬃存在，不规则排列。足上常具色环。胫栉常出现在后足。胫距形态多样，有或无侧齿。部分种存在伪胫距。腹部背板覆大毛，常具不同色带，为重要分类依据。雄性生殖节结构简单，常退化，后缘偶突出，后缘刚毛存在或缺失。肛尖常圆锥形。阳茎内突明显，横腹内突前端细尖。抱器端节向内弯曲。

蛹期胸角常有，一般比较发达，圆筒状、圆柱形、扁平状、球状或少数延长的梅花状。常有气盾板，形状多样，部分种类退化或缺失。胸部膜常有很发达的规律或不规律的成排的尖或者钝的管子，这些管子形成一个在胸部梳子状的从胸角基部到背中部缝合口的延伸。腹部背刚毛在数量和形式上多样，一般具有长的侧纤毛。肛叶常有 2 根肛巨毛，少数粘连着鞘。肛叶的内外边缘具缘毛或刺呈齿状或平滑状。雄虫的生殖叶楔形或者宽短形，内叶融合或分叉。雄虫生殖叶长度多样化，一般为 1/3～1/2 肛叶长度，有的超过肛叶尖部。雌虫生殖叶一般短圆形。

幼虫触角可在头壳中收缩。前颏具有唇舌和拟唇舌，发育良好。颏发育不充分。背腹两面仅具有 11 对毛孔，背后侧缘的第十二对毛孔消失。上唇感觉器官常腹面着生，每侧由 7 个杆状毛组成，周围常常伴随着叶状或者短杆状的其他感觉毛。上颚强烈弯折呈镰刀状或者从基部到端部逐渐变窄，顶齿黑化，常常占据整个上颚的 1/4～1/3。颏附器近似于三角形，两侧进一步又分成多叶，常与腹颏和前颏舌腹颏体界线不明。基部具有下唇泡和背颏板。背颏板形态各异，大型种类常常具有发达的背颏齿，而在小型个体中，背颏齿消失。

颐和园长足摇蚊亚科分属检索

MCu 至 FCu 脉的间距至少为 Cu_1 脉长的 1/2；无盾片瘤 ········· 前突摇蚊属 *Procladius*

MCu 至 FCu 脉的间距短于 Cu_1 脉长的 1/3；具盾片瘤 ············ 长足摇蚊属 *Tanypus*

（一）前突摇蚊属 *Procladius* Skuse

Skuse，1889：Proc. Linn. Soc. N. S. W.，（2）4：283. Type species：*Procladius paludicola* Skuse，1889

特征　体小型到中型，翅长 1.9~3.5 mm。触角柄节棕色。末鞭节长是宽的 4~5 倍，基部平截，圆柱形，端部 1/4 处逐渐变尖。触角顶毛的长度为末鞭节长度的 1/3。触角比 1.6~2.5。头部颜色多变。下唇须 5 节。复眼不具虹彩，背中延伸端部尖或两边近于平行；内、外顶鬃以及后眶鬃通常多列。胸部颜色与头部颜色相同；通常后部有浅色色斑。前胸背板退化；突出于胸部之外，有前胸背板鬃。中鬃单列或双列，后方消失；背中鬃单列或不规则的双列。盾前鬃存在；前前侧片鬃、上前侧片鬃和后背板鬃通常缺失。盾片瘤缺失。有时存在中胸背疣。翅膜区有或无被毛，偶具翅斑。前缘脉超过 R_{4+5} 脉很多，到达翅的顶端；MCu 脉位于 FCu 脉前端；R_{2+3} 脉存在，并分叉；MCu 脉和 FCu 脉之间距离与 Cu_1 脉等长。臀角发达。足黄色、棕色或黑色。腿节端部和胫节端部有时有深色色斑环；跗节色浅。跗节大毛微弱或缺失。胫距细长，主齿长为胫距长的 1/3~1/2，有 3~10 个侧齿，胫距表明光滑。后足存在胫栉。第一跗节到第四跗节有或无 1~2 个伪胫距。爪小，末端向下弯曲且尖，基部无刺。爪垫缺失。前足比 0.66~0.80。腹部通常有明显的色斑带，偶尔为单色。第九背板后缘有刚毛，单列或多列。肛尖宽，端部圆钝。抱器基节简单，长为宽的 1.5 倍，基部宽，端部 1/2 处逐渐变窄。下附器多毛，明显或不明显或缺失。抱器端节粗壮或细长，长为抱器基节的 0.5 倍。抱器端棘短且粗。阳茎内突和上附器明显；横腹内生殖突呈弧形。

分布　世界各大动物地理区。

1. 鲁前突摇蚊 *Procladius ruris* Roback，1971（图 3-1）

Procladius ruris Roback，1971：182

特征　雄成虫：体长 2.63~3.58 mm；翅长 1.18~1.95 mm；体长/翅长 1.83~2.23；翅长/前足腿节长 1.87~2.38。头棕色；胸部具少量色斑；腹部第一背板到第四背板有横向条状色斑，长为背板长的 2/3，第五背板到第八背板有横向条状色斑，长为背板长的 5/6，生殖节棕色；足为棕色，第一跗节到第二跗节端部有深色色斑环；翅有色斑，位于 R-M 脉附近。触角比 1.49~1.72，颞毛共 18~31 根，含内顶鬃 5~6 根，外顶鬃 7~16 根和眶后鬃 6~12 根；唇基毛 13~25 根；幕骨长 138~175 μm，宽 50~

63 μm。前胸背板鬃 10~14 根，中鬃 24~28 根，背中鬃 26~32 根，翅前鬃 9~12 根，小盾片鬃 19~34 根。翅脉比 1.42~1.57；臀脉具 2 根大刚毛；腋瓣缘毛 26~39 根。前足胫节具 1 根胫距，长 50~63 μm，具 5 个侧齿；中足 2 距分别长为 40~55 μm 和 38~50 μm，均具 6 个侧齿；后足 2 距分别长为 55~75 μm 和 38~50 μm，均具 6 个侧齿。第九背板后缘略为外凸，后缘有 32~48 根刚毛。肛尖圆锥形。抱器基节长 163~225 μm；抱器端节长 85~113 μm，基部突起长 25~60 μm，宽 40~80 μm；抱器端棘长 20~25 μm。生殖节比 1.66~2.01；生殖节值 2.83~4.06。

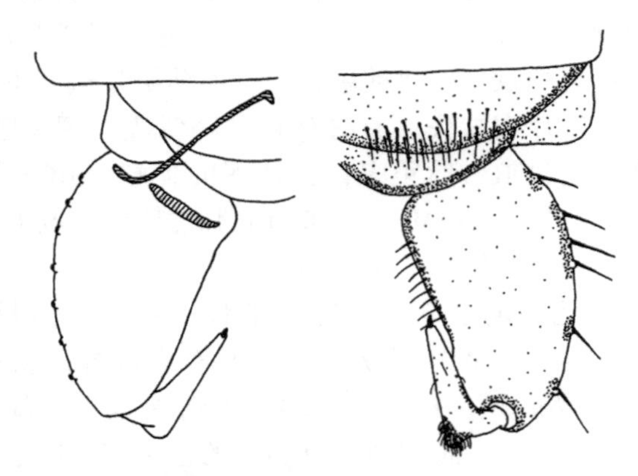

图 3-1 鲁前突摇蚊 *Procladius ruris* Roback 雄性外生殖器

分布 中国北京（颐和园）、天津、福建、广东、广西、海南、贵州、云南、甘肃；新北区（美国）。

（二）长足摇蚊属 *Tanypus* Fittkau

Tanypus Meigen, 1803: Mag. Insektenk., 2: 260. Type species: *Tipula cincta* Fabricus, 1794

特征 体小型到中型，翅长 2.4~3.7 mm。触角柄节和鞭节深棕色或黑色。末鞭节平截，长是宽的 2~3 倍。触角比 1.2~2.4。头部棕色或深棕色；下唇须 4~5 节。复眼具明显虹彩。内、外顶鬃单列，后眶鬃部分单列。胸部具显著色斑。上前侧片基部一半为棕色或全为棕色；后背板浅棕色。前胸背板很发达，分离于胸部之外，有前胸背板鬃。中鬃单列或双列，后端分化或消失；背中鬃单列。前前侧片鬃、上前侧片鬃和后背板鬃缺失。盾片瘤卵形，非常明显。中胸背疣缺失。翅膜区端部 1/2 处覆盖浓密的被毛，通常有色斑。前缘脉超过 R_{4+5} 脉很多，到达翅的顶端；R_{2+3} 脉存在且分叉；MCu 脉位于 FCu 脉之前；MCu 脉和 FCu 脉之间的距离约为 Cu_1 脉的 1/3；MCu 脉与 R-M 脉明显分开。Cu 脉和 M_{3+4} 脉之间为钝角。臀角很发达。足浅棕色。腿节和胫节的端部有时有深色色斑环；跗节全棕或浅色。胫距细长，主齿长约为胫距长的 1/3~1/2，有 2~3 个侧齿，胫距表面光滑；后足有或无胫栉。爪很小，末端向下弯曲，呈竹片状。爪垫缺失。前足比 0.6~1.0。第九背板后缘有单列或多列的后刚毛。肛尖宽。抱器基节简单，长为宽的 1.5 倍，基部宽，端部 1/2 处开始变窄；内缘多毛。抱器端节粗壮或细长，长是抱器端节的 1/2，基部略膨大，有时内缘有 2~6 根短刚毛；抱器端棘窄而长。阳茎内突明显；横腹内生殖突呈弧形。

分布　世界各大动物地理区。

2. 刺铗长足摇蚊 *Tanypus punctipennis* Meigen，1818（图 3-2、图 3-3）

Tanypus punctipennis Meigen，1818：61；Wang，2000：633

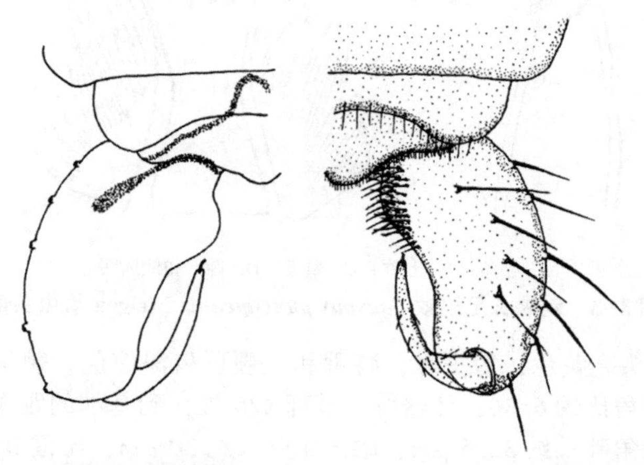

图 3-2　刺铗长足摇蚊 *Tanypus punctipennis* Meigen 雄性外生殖器

特征　雄成虫：体长 3.55~6.25 mm；翅长 1.75~3.38 mm；体长/翅长 1.76~2.36；翅长/前足腿节长 2.06~2.82。头棕色，胸部棕色，盾片上有深棕色色斑；腹部第一背板到第四背板两侧各有一个纵向棕色色斑，第五背板到第八背板棕色，生殖节棕色；翅具多处色斑。触角比 1.56~

2.75；颞毛共12~14根，含内顶鬃3~5根，外顶鬃3~5根和眶后鬃5~5根；唇基毛7~19根；幕骨长130~250 μm，170 μm，宽50~90 μm。下唇须$5^{th}/3^{rd}$ 1.90~2.81。胸部前胸背板鬃8~11根，背中鬃9~23根，翅前鬃5~9根，小盾片鬃13~19根。翅脉比1.02~1.48；臀脉具2~4根大刚毛；腋瓣缘毛27~48根；前缘脉延伸80~110 μm。前足胫节具1根胫距，长38~75 μm，有2个侧齿；中足有2根胫距，分别长38~63 μm和35~60 μm，均有2个侧齿；后足有2根胫距，分别长45~95 μm和38~70 μm，均有2个侧齿，有1个胫栉，6~8根。第九背板略内凹，后缘两侧各有9~14根刚毛。肛尖圆锥形。抱器基节长168~320 μm，圆柱形，基部内缘有短刚毛簇；抱器端节长75~200 μm。生殖节比1.44~1.10；生殖节值2.90~5.00。

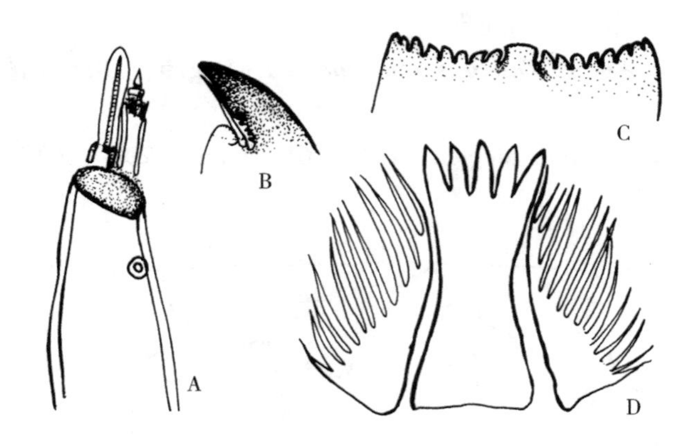

A. 触角；B. 上颚；C. 颏板；D. 唇舌和侧唇舌

图3-3　刺铗长足摇蚊 *Tanypus punctipennis* Meigen 幼虫头部

幼虫：头壳黄色，后头缘，唇舌和上颚顶齿深棕色。触角总长200~205 μm，触角比约6.36；环器位于基部4/5处，到基部的距离为147.5~150 μm；触角叶长约32.5 μm；触角副叶长约30 μm，比鞭节长；基底环长是宽的1.0~1.5倍。上颚总长110~115 μm，顶齿深棕色，约为上颚长的1/5；齿下毛没有到达上颚顶部；齿下毛内有4个小齿插入在顶齿的内缘。下颚须基节长47.5~57.5 μm，宽20~25 μm；环器位于基部3/4处，到基部的距离为32.5~37.5 μm；感觉毛分2节，等长。背颏板每边有7~8个齿，最后2个浅黄色的齿愈合，总宽72~77 μm，中齿简单，宽9~10 μm。唇舌长70~77.5 μm，顶端宽32.5~35 μm，中部宽20~25 μm，底部宽 32. 5～37. 5 μm；唇舌比（L/W）2. 0～2. 2；侧唇舌梳状，有 12～14 个棘，长 28～30 μm。后原足长 900～1 100 μm，宽 250～300 μm；3 对肛管，三角形，长 320～350 μm，基部宽 150～200 μm；尾刚毛台长 240～280 μm，中部宽 50～60 μm；尾刚毛台比 4. 6～5. 0；顶生 14 尾毛，长 600～620 μm；肛上毛长 540～600 μm；腹部第 6 节无刚毛簇。

分布　中国北京（颐和园）、天津、河北、内蒙古、浙江、安徽、福建、江西、山东、湖北、湖南、广西、四川、贵州、云南、甘肃、宁夏、新疆、台湾；古北区、新北区、新热带区广布。

直突摇蚊亚科 Orthocladiinae

雄成虫翅脉清晰，翅膜区不具有大量刚毛，无 MCu 脉，臀角常发达，腋瓣具大量缘毛。雄性触角鞭节数不等，常具 13 鞭节。雄成虫偶具雌性触角。前胸背板发达，多数具前胸背板鬃。盾片常具明显色斑或色带。中鬃常单列存在。背中鬃存在，不规则排列。前足比通常小于 1. 0，足上部分种具色环。后足常具胫距。腹部背板覆大毛。雄性生殖节结构简单，常退化，后缘偶突出，后缘刚毛存在或缺失。肛尖常尖形。阳茎内突明显，横膜内突前端细尖，抱器端节可转动，后足常具胫距。

蛹期前额毛多数位于额内突。眼区有或无顶鬃，通常有 2 个后眼眶鬃。胸角很发达或非常退化或没有。角楔形，圆形，长形或者尖状，简单，或者顶部至多两瓣，光滑，网状，有一些或者很多的脊。几乎没有毛，很少有棘毛。腹部第一背板和腹板常光滑，其他背板具有鲛皮区，鲛皮区图案多样是主要分属依据，背板有后部分的脊。肛叶通常很发达，有时退化，少数没有。有或者无 1～3 根末端发状或脊状毛，这些毛通常像肛棘毛一样发达。雄性生殖区超出或没有超出肛叶，顶部有或无乳状或束紧状。

幼虫触角 4～7 节，从极度退化到明显长于头壳变化不等。通常触角各节长度逐渐变小。上颚具单一顶齿和 2～6 枚内齿，通常有 3 枚内齿和 1 个顶端黑色的上颚臼。上颚栉缺失。通常具有齿下毛，上颚刷存在，具 4～8 分支，通常羽毛状或者锯齿状。颏板高度变异，3～29 齿不等，通常具 8～12 齿。腹颏板退化或者相对较大，通常不超过颏侧齿的边缘。颏鬃存在或缺失。下颚须由 9 个小感觉器和 2 根感觉毛组成。外颚叶有 6 个感觉器，外颚叶栉存在或者缺失。内颚叶低，通常由 8 根毛组成。下颚附器毛通常存在，但是形态上各种各样。腹侧毛存在或者消失。

颐和园直突摇蚊亚科分属检索表

1. R_1 和 R_{4+5}脉短、粗，并与前缘脉融合，终止于翅的中部之前 ………… 棒脉摇蚊属
   R_1 和 R_{4+5}脉长、细，与前缘脉在翅中部之后分离 …………………………………… 2
2. 眼具毛，眼毛超出小眼面 …………………………………………………………… 环足摇蚊属
   眼无毛或具细毛，眼毛不超出小眼面 ………………………………………………… 3
3. 抱器端节不分叶 ……………………………………………………………………… 水摇蚊属
   抱器端节分为两叶 …………………………………………………………………… 4
4. 体大型，上附器长，叶状 …………………………………………………………… 双突摇蚊属
   体中型，无上附器 …………………………………………………………………… 裸须摇蚊属

（三） 棒脉摇蚊属 *Corynoneura* Winnertz

Corynoneura Winnertz，1846：Stet. Ent. Zeit. 7：12. Type species：*Corynoneura scutellata* Winnertz，1846

特征 体小型，不超过 2.5 mm，大多数小于 2.0 mm；翅长 0.35～1.8 mm；体浅黄棕色至深棕色；翅透明至淡黄色；足浅黄色至深棕色。触角 6～13 节，触角顶端或亚顶端有感觉毛；触角比 0.16～1.42。眼小且裸露，无背中突；无额瘤；无内顶鬃，外顶鬃和后眶鬃；食窦泵发达且具不同形状的咽骨角；唇须 5 节，有时第三节具 1 个感觉棒。前胸背板发达；无中鬃；具背中鬃、翅前鬃和小盾片鬃。翅膜区无毛；翅似楔形，无臀角；棒脉由 R_1、R_{2+3}和前缘脉结合形成，不清晰的脉实际上是退化的 R_4或 R_{4+5}，并且中脉分叉形成中脉叉（M-fork），分支为 R_5（或 M_1），M_{3+4}（或 M_2）；棒脉长通常是翅长的 1/4～1/2，臀脉长一般不超过肘脉叉；腋瓣无长缘毛。前足转节具发达突起；后足胫节顶端膨大，后足常具一长一短 2 根胫距，偶尔短胫距退化，除胫距外还有 1 个由 12～18 根棘刺组成的胫栉，有时后足具 1 根“S”形棘刺；第四跗节短于第五跗节，第四跗节一般是心形。第九背板发达，覆盖抱器基节大部，后边缘直或中部凹陷；腹内生殖突“V”形或“U”形；无肛尖或肛尖不发达，无阳茎刺突；阳茎内突直或明显弯；抱器端节船形或明显弯曲，一般中部具亚端背脊。

分布　世界各大动物地理区。

3. 北方棒脉摇蚊 *Corynoneura arctica* Kieffer，1923（图 3-4）

*Corynoneura arctica*Kieffer，1923：4；Hirvenoja and Hirvenoja，1988：219；Makarchenko and Makarchenko，2006：152；Fu et al.，2009：6

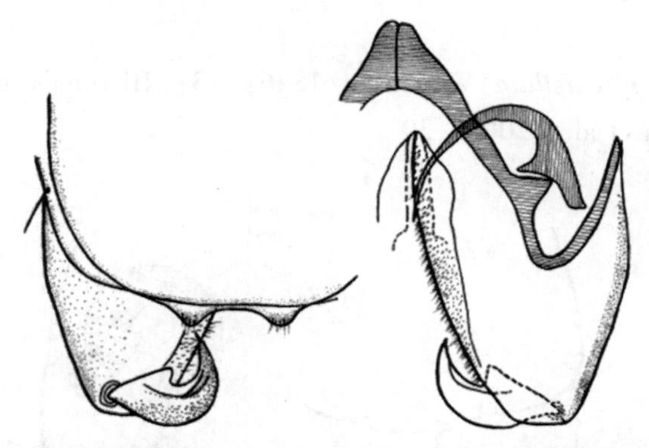

图 3-4　北方棒脉摇蚊 *Corynoneura arctica* Kieffer 雄性外生殖器

特征　雄成虫：体长 1.28～1.80 mm；翅长 1.00～1.25 mm；体长/翅长 1.47～1.51；翅长/前足腿节长 2.4～3.2。头部深褐色；触角与下唇须浅黄棕色；胸部深褐色；腹部背板深棕色；足黄棕色；翅几乎透明略带淡黄色，棒脉浅黄色。触角 10 鞭节；末鞭节长 255～350 μm，触角顶端尖锐，具亚顶端感觉毛；触角比 0.77～1.1；唇基毛 8 根；头部无鬃毛；幕骨长 100～163 μm，宽 13～25 μm；茎节长 62～65 μm，下唇须 $5^{th}/3^{rd}$ 1.7～3.0。背中鬃 5～7 根；翅前鬃 2～3 根。翅脉比 3.0～3.4；棒脉长 330～370 μm，棒脉长/翅长 0.29～0.37；肘脉长 650～770 μm；肘脉长/翅长 0.23～0.37；翅宽/翅长 0.36～0.39；棒脉有 7～10 根毛。前足转节具高的突起；前足具 2 根胫距，长度分别为 30～35 μm、13～18 μm；中足具 1 根胫距，长度为 15～20 μm；后足具 1 根胫距，长度为 35～50 μm；前足胫节宽 25～38 μm，中足胫节宽 23～28 μm，后足胫节宽 38～50 μm。后足胫节顶端膨大，具 1 个由 12～17 根刚毛形成的胫栉和 1 根略微钩状的长刚毛。第九背板后边缘中部向里明显凹陷，且长有许多短刚毛；肛节侧片具 2 根长刚毛；无肛尖；下附器退化；基腹内突基长 38 μm；阳茎内突强烈弯曲未超出第九背板，长 85～90 μm；抱器基节长 80～128 μm，且顶端具4~6根长刚毛。抱器端节顶端弯曲，长25~43 μm；抱器端棘长5~7 μm；生殖节比2.1~3.6；生殖节值3.9~5.5。

分布 北京（颐和园）、天津；挪威、芬兰、俄罗斯、德国、英国、法国、西班牙、葡萄牙、瑞士、奥地利、加拿大、美国。

4. 片状棒脉摇蚊 *Corynoneura scutellata* Winnertz，1846（图3-5、图3-6）

Corynoneura scutellata Winnertz，1846：13；Hirvenoja and Hirvenoja，1988：217；Fu et al.，2009：30

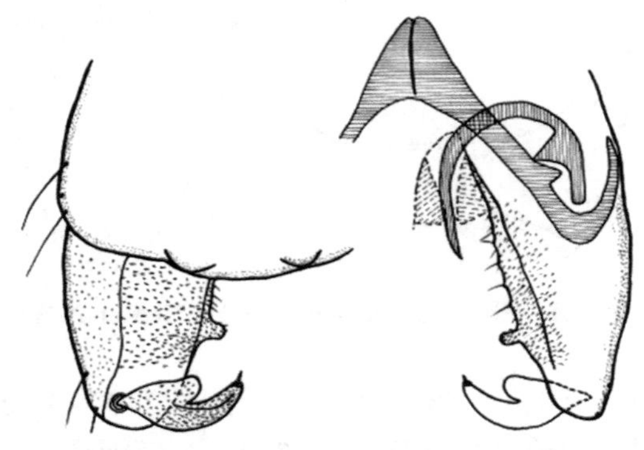

图3-5 片状棒脉摇蚊 *Corynoneura scutellata* Winnertz 雄性外生殖器

特征 雄成虫：体长1.07~1.82 mm；翅长0.85~1.25 mm；体长/翅长1.32~1.67；翅长/前足腿节长3.13~3.53。头部黑褐色；触角和下唇须淡棕黄色；胸部棕色；腹部棕黄色；足棕黄色；翅几乎透明略带黄色。眼睛裸露，触角具10鞭节；末鞭节长225~335 μm；顶端尖，具亚顶端感觉毛；触角比0.74~1.1；唇基毛5~10根；幕骨长95~170 μm，宽15~25 μm；茎节长62~65 μm；下唇须第二节椭圆状，第三节、第四节长方形，第五节细且长，$5^{th}/3^{rd}$ 1.5~2.4。背中鬃5根，其余鬃毛难以观察。翅脉比2.1~3.2；棒脉长300~360 μm，棒脉长/翅长0.26~0.33；肘脉长600~720 μm；肘脉长/翅长0.22~0.35；翅宽/翅长0.40~0.44；棒脉有6~8根毛。前足转节具突起；前足具2根胫距，长度为18~35 μm和15~18 μm；中足具1根胫距，长度为8~15 μm；后足具1根胫距，长度为38~50 μm；前足胫节宽23~33 μm，中足胫节宽20~28 μm，后足胫节宽35~50 μm；后足胫节顶端膨大，具1个由11~17根刚毛形成的胫栉和 1 根“S”形的长刚毛。第九背板后边缘中部凹陷；肛节侧片具 1~2 根长刚毛；无肛尖；上附器三角形；下附器指状；腹内生殖突弯曲近“V”形；基腹内生殖突长 40~45 μm；侧腹内生殖突的附属突起位于侧腹内生殖突底部 1/3 处，且倾向于底部；阳茎内突位于侧腹内生殖突前侧方，长 80~88 μm，强烈弯曲未超出第九背板；抱器基节长 80~168 μm，端部具 3~4 根长刚毛；抱器端节顶端弯曲，长 25~38 μm，内侧具基叶；抱器端棘长 5~8 μm；生殖节比 2. 2~4. 4；生殖节值 4. 1~5. 8。

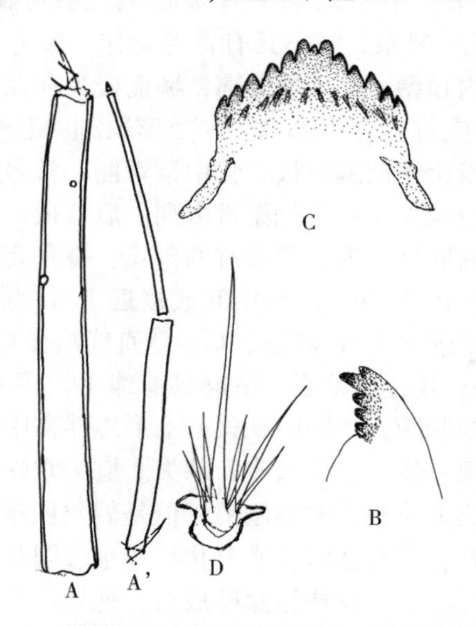

A-A’. 触角；B. 上颚；C. 颏板；D. 后缘足亚基毛

图 3-6　片状棒脉摇蚊 *Corynoneura scutellata* Winnertz 幼虫头部

幼虫：头部黄色。触角基节和第二鞭节淡黄色，其余鞭节褐色。腹部淡黄色。头壳长 256~272 μm，宽 164~172 μm；后颏长 220~228 μm；SⅡ明显，SⅠ和 SⅢ难以观察；前上颚长 18~28 μm。上颚长 55~69 μm。触角比 0. 91~1. 1。触角第一节至第四节长分别为 204~236 μm、101~105 μm、105~117 μm、4~6 μm；触角基节宽 15~18 μm；触角基节顶端触角叶长 28~35 μm；触角长/头长 1. 71~1. 74。腹部肛毛长 224~280 μm；尾前须长 10~12 μm，宽 10~12 μm。

分布　中国北京（颐和园）、天津、辽宁、福建、云南；古北区广布。

（四）环足摇蚊属 *Cricotopus* Wulp

Cricotopus Wulp，1874：Tijdschr. Ent.，17：132. Type species：*Chironomus tibialis* Meigen，1804

特征 体型不等，小型至大型，翅长可至 4 mm。足和背板通常有色斑间隔及明亮颜色的色环。触角有 13 个鞭节，极少有 6 个、8 个或 10 个鞭节，环毛发达，毛形感器位于触角的第二鞭节至第三鞭节及第十三鞭节或者都位于第一鞭节。触角末端不具末端毛，触角比 0.3~2.1，通常 1.0~2.0。复眼多毛，复眼具或不具有背部延伸，颞毛单列或多列，内顶鬃存在或缺失或者内顶鬃、外顶鬃分离，额瘤极少存在，幕骨宽为基部的 1/2。前胸背板侧叶完好，背中部有"V"形缺刻并且分离，前胸背板鬃存在或缺失。中鬃发生于前胸背板；背中鬃弯曲，常多列，翅前鬃单列至多列，翅上鬃存在或缺失，小盾片鬃常多列。后背板、后上前侧片、前前侧片偶尔具刚毛。翅膜区无毛，常具有的刻点，臀角完好较圆。前缘脉略有延伸；R_{2+3}脉止于 R_1 脉和 R_{4+5}脉中间或接近于 R_1 脉；R_{4+5}脉止于 M_{3+4} 脉的背部末端；FCu 脉远离 R-M 脉，Cu_1 脉直或略微弯曲，极少具刚毛，R_1 脉有毛或者无毛，R_{4+5}脉无毛。腋瓣具有缘毛。多数种足具色环，中足、后足极少具 1 根胫距，伪胫距缺失，毛形感器在中足、后足第一跗节存在或缺失于后足第一跗节，爪垫小、缺失。肛尖常缺失，如果存在非常小、尖，很少超出第九背板，常具刚毛，但是偶尔裸露。阳茎刺突缺失或存在。上附器常存在，当存在时，常分化，扁平、圆状或驼峰状。下附器存在，形态多样，简单、叶状或被腹叶成对。抱器端节简化，亚端背脊狭窄并在顶端具刚毛 1~4 根，抱器端棘存在或缺失。

分布 世界各大动物地理区。

5. 双线环足摇蚊 *Cricotopus bicinctus*（Meigen，1818）（图 3-7）

Chironomus bicinctus Meigen，1818：41

Cricotopus bicinctus（Meigen），Hirvenoja，1973：235；Sæther，1977：116；欧阳怡然等，1984：35；叶沧江，1984：70；游贤文等，1989：15；Wang，2000：635

特征 雄成虫：体长 2.38~2.98 mm；翅长 1.42~1.87 mm；体长/翅长 1.59~1.82；翅长/前足胫节长 2.26~2.82。头部、胸部、触角均为棕色；翅浅棕色；第一背板、第四背板白色条带，其他背板棕色；前足、中足、后足棕色，其胫节的中部具有明显浅黄色条带。触角比 1.36~1.54；

末节长450~580 μm。颞毛4~6根；内顶鬃2~4根；外顶鬃2根。幕骨长123~133 μm。下唇须5节，5th/3rd 1.86~2.34。胸部背中鬃14~19根；中鬃8~15根；翅前鬃4~8根；小盾片鬃2~5根。翅脉比1.08~1.4。臂脉有0~1根刚毛；R脉有0~4根刚毛；其余脉无刚毛，腋瓣有6~10根刚毛。臀角正常。前足胫距长42~54 μm；中足2根胫距长15~22 μm和18~28 μm；后足2根胫距长40~50 μm和15~18 μm；后足胫栉10~12根。第九背板有6~10根刚毛，第九肛节侧片有5~9根刚毛。阳茎内突长50~73 μm；横腹内生殖突长85~95 μm；具角状突起。抱器基节长223~266 μm。抱器端节长85~110 μm；无亚端背脊；下附器下稍有分化，下附器长远大于宽，顶端裸露，具长刚毛，刚毛数量为12~18根。抱器端棘长10~15 μm。生殖节比2.41~2.69；生殖节值2.71~3.16。

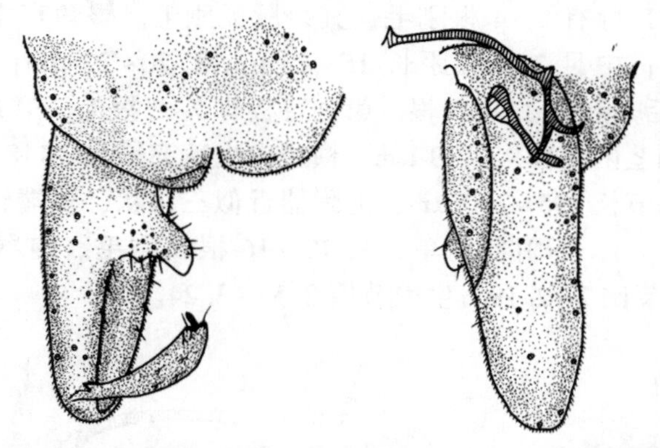

图3-7 双线环足摇蚊 *Cricotopus bicinctus*（Meigen）雄性外生殖器

分布 中国北京（颐和园）、天津、河北、内蒙古、黑龙江、浙江、福建、江西、山东、河南、广东、广西、海南、四川、贵州、云南、陕西、甘肃、宁夏、新疆；热带区外，世界各大地理区分布。

6. 林间环足摇蚊 *Cricotopus sylvestris*（Fabricius，1794）（图3-8、图3-9）

Tripula sylvestris Fabricius，1794：252

Cricotopus sylvestris（Fabricius），Malloch，1915：505；Hirvenoja，1973：278；Sæther，1977：116；Wang，2000：635

特征 雄成虫：体长2.38~3.22 mm；翅长1.30~1.80 mm；体长/翅长1.53~2.15；翅长/前足胫节长2.19~2.54。头部、胸部均为较深棕色；

翅浅黄色接近透明；腹部第一背板浅黄色，第二背板、第三背板棕色，第四背板、第五背板前部 1/3 浅黄色，第六背板棕色，第七背板后部 1/2 浅黄色，或者第一背板浅黄色，第二背板、第三背板前部 1/3 浅黄色，第四背板浅黄色且中间具有棕色圆点，第五背板前部有浅黄色条带，第六背板、第七背板后部具浅黄色条带，其余背板均为棕色；足具条带，前足颜色较中足、后足深，前足腿节前部 1/2 浅黄色，胫节中部大部分浅黄色，其余均棕色；中足、后足的腿节、胫节均与前足相同，但第一跗节、第二跗节前部大部分浅黄色，其余均棕色。触角比 1.13~1.49；末节长 415~520 μm。颞毛 2~5 根；内顶鬃 0~1 根；外顶鬃 2~4 根。幕骨长 150~175 μm。下唇须 5 节，$5^{th}/3^{rd}$ 1.44~1.94。背中鬃 4~13 根；中鬃 7~10 根；翅前鬃 1~5 根；小盾片鬃 2~5 根。翅脉比 Cu 脉不清楚。臂脉有 0~1 根刚毛；R 脉有 2~4 根刚毛；其余脉无刚毛。臀角正常。前足胫距长 38~58 μm；中足 2 根胫距长 15~23 μm 和 20~23 μm；后足胫距长 40~55 μm；后足胫栉 13~15 根。第九背板有 7~8 根毛。第九肛节侧片有 2~5 根毛。阳茎内突长 48~88 μm，横腹内生殖突长 90~118 μm，具角状突起。抱器基节长 195~230 μm，上附器近似三角状，顶端较圆。抱器端节长 93~115 μm，下附器简单，具 12~16 根长刚毛。抱器端棘长 10~15 μm。生殖节比 2~2.19；生殖节值 2.54~3.24。

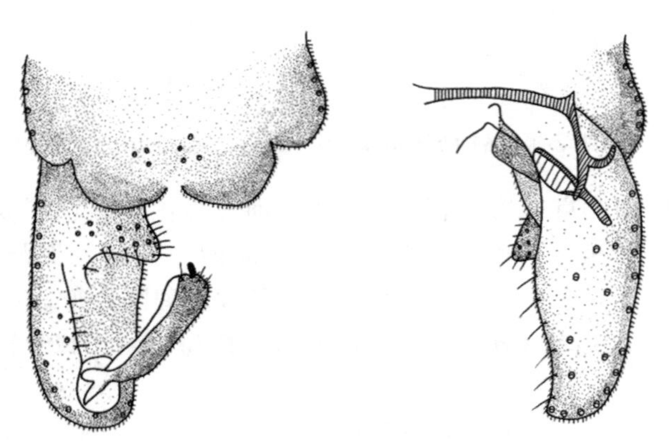

图 3-8　林间环足摇蚊 *Cricotopus sylvestris*（Fabricius）雄性外生殖器

蛹期：蛹小型，体长 4.00~5.00 mm。蛹皮白色。头胸部额毛粗大位于额突，长 230~280 μm，无头瘤，无额疣。无顶鬃。具 2 根长侧前胸背

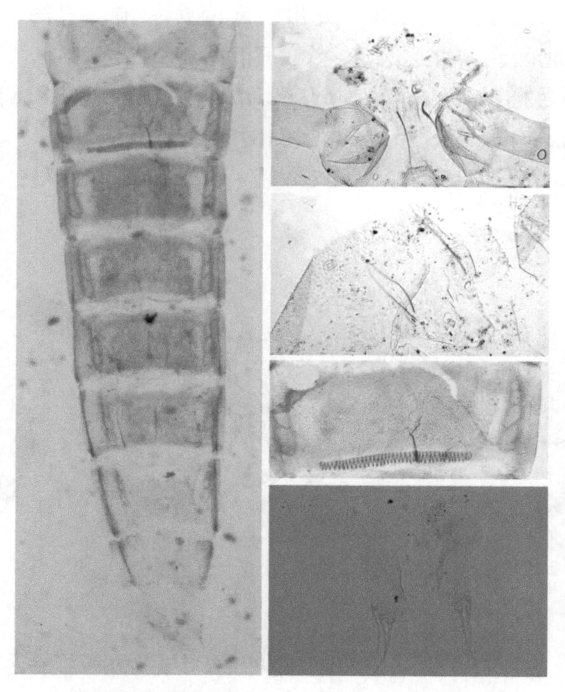

图 3-9 林间环足摇蚊 *Cricotopus sylvestris*（Fabricius）蛹期

板鬃。胸角长棒状，光滑无脊，浅黄色，长 240~250 μm，宽 20~30 μm。具 3 根胸角前鬃，长度依次为 200~210 μm、200~210 μm、100 μm。4 根背中鬃，几乎等距排列，长度依次为 50~100 μm、50~100 μm、55~80 μm、50~80 μm。胸部具小的瘤状物。翅鞘无珠状物，无突起，光滑。腹部第一背板无鲛皮区，第二背板具细刺的鲛皮区，第三背板至第六背板具大刺组成不分开的鲛皮区，第七背板和第八背板无鲛皮区，肛叶无鲛皮区。第二背板具 2 排规律的刺组成的连续钩状物，占整个节宽。节间连接Ⅲ/Ⅳ至Ⅵ/Ⅶ具前牵伸的刺。Ⅳ至Ⅵ节具伪足 A。Ⅱ和Ⅲ节具大的伪足 B。无表突。腹部被毛：Ⅰ节具 1 根侧刚毛；Ⅱ至Ⅵ节具 3 根侧刚毛；Ⅶ节具 4 根侧刚毛；Ⅷ节具 4 根侧刚毛。肛叶具 3 根肛棘毛，有 1 根稍长，肛叶长 280~330 μm，宽 160~180 μm。肛叶顶部圆，无脊。肛叶生殖鞘长 200~280 μm，不超出肛叶。

分布 中国北京（颐和园）、天津、河北、内蒙古、辽宁、江苏、浙江、福建、山东、湖北、四川、贵州、云南、甘肃、青海、宁夏、台湾；新热带区、新北区、古北区、东洋区广布种。

7. 三带环足摇蚊 *Cricotopus trifasciatus*（Meigen，1818）（图 3-10）

Chironomus trifasciatus Meigen，1818：42

Cricotopus trifasciatus（Meigen），Hirvenoja，1973：290；Wang，2000：636

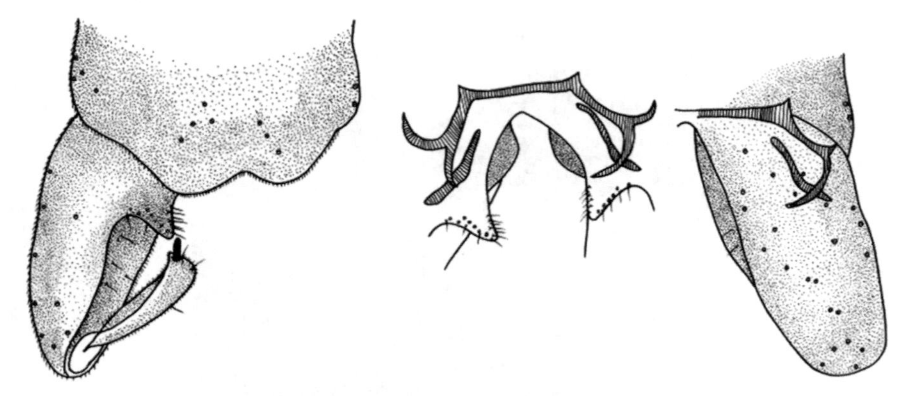

图 3-10　三带环足摇蚊 *Cricotopus trifasciatus*（Meigen）雄性外生殖器

特征　体长 2.66~3.58 mm；翅长 1.50~1.70 mm；体长/翅长 1.77~1.89；翅长/前足胫节长 2.30~2.45。头部、胸部均为较深棕色；翅浅黄色接近透明；背板条带不一，Ⅰ、Ⅳ、Ⅶ背板多具浅色条带；足具条带，前足腿节前部 1/2 浅黄色，胫节中部大部分浅黄色，其余均棕色；中足、后足的腿节、胫节均与前足相同，但第一跗节、第二跗节前部大部分浅黄色，其余均棕色。触角比 1.24~1.77；末节长 463~663 μm。颞毛 4~7 根；内顶鬃 1~3 根；外顶鬃 2~4 根。幕骨长 133~175 μm。下唇须 5 节，$5^{th}/3^{rd}$ 1.69~2.17。胸部背中鬃 6~14 根；中鬃 5~11 根；翅前鬃 2~4 根；小盾片鬃 3~5 根。翅脉比 0.90~1.10。臂脉有 1 根刚毛，R 脉有 2~5 根刚毛，其余脉无刚毛，臀角正常。前足胫距长 50~55 μm；中足 2 根胫距长 23~25 μm 和 20~25 μm；后足 2 根胫距长 33~50 μm 和 25 μm，后足胫栉 12~16 根。第九背板有 7~12 根毛。第九肛节侧片有 3~5 根毛。阳茎内突长 50~75 μm，横腹内生殖突长 80~100 μm，具角状突起。抱器基节长 195~245 μm，上附器近似三角状，顶端较圆。抱器端节长 75~

105 μm，下附器简单，具9~17根刚毛。抱器端棘长13~15 μm。生殖节比2.05~2.87；生殖节值2.80~4.16。

分布　中国北京（颐和园）、天津、内蒙古、江苏、浙江、福建、江西、山东、湖北、广西、云南、西藏、宁夏；新北区、古北区广布种。

（五）水摇蚊属 *Hydrobaenus* Fries

Hydrobaenus Fries，1831. Isis Jena. 1350. Type species：*Hydrobaenus lugubris* Fries，1831

特征　体型小至大型，翅长1.5~3.6 mm。触角有8~13（通常13）个鞭节；触角沟自第四节始；第二节或第三节及第一节至第三节和第四节具毛形感器。触角比变化范围大（0.4~3.2）。复眼裸或具微毛，具轻微或明显楔形或平行向背向延伸；颞毛通常分簇，内顶鬃在大小上显著退化；下唇须4~5节，具4节时，4节皆退化，第三节末端具3个或1~3个钟形感器。前胸背板发达至极度发达，中鬃在大小上退化，数量少至多，自前胸背板一段距离生长；背中鬃几乎没有至极多；翅前鬃有时极多；小盾片鬃基本为单列。上前侧片和前前侧片前部和后部偶尔具毛。翅间质无毛，具明显刻点；臀角通常发达且常明显突出，偶有退化；C脉无延伸或一般延伸；R_{2+3}走向及末端位于R_1和R_{4+5}中间；R_{4+5}末端具M脉末端较远，远离FCu脉；Cu脉直或末端轻微弯曲；R脉、R_1和R_{4+5}脉无或具少量刚毛；具腋瓣毛。中后足第一跗节具伪胫距，第二跗节常具伪胫距；后足第一跗节具毛形感器；无爪垫。肛尖退化或一般发达；末端通常无刚毛和微毛，但基部多毛；阳茎内突和阳茎叶发达；横腹内生殖突前缘突起，两侧骨化突起上翘，无显著增厚；阳茎刺突具一簇短小至中长的骨刺；抱器基节具发达下附器；抱器端节较圆，外缘具尖或圆的外突，或短且上翘的外突；通常无冠状脊；抱器端棘中等长度。

分布　全北区广布。

8. 齿突水摇蚊 *Hydrobaenus dentistylus* Moubayed，1985（图3-11、图3-12、图3-13、图3-14、图3-15）

Hydrobaenus dentistylus Moubayed，1985，121：73

特征　雄成虫：体长3.03~4.68 mm；翅长1.84~2.48 mm；体翅比1.50~1.95；翅长/前足腿节长2.26~2.55；胸部棕黑色，腹部棕黄色，翅棕色。触角比1.45~2.26；颞毛5~14根，内顶鬃0~4根，外顶鬃2~8

根，眶后鬃 3～8 根；唇基毛 10～23 根；幕骨长 165～220 μm；下唇须 5th/3rd 1.04～1.36。前胸背板鬃上侧毛 0～3 根，下侧毛 2～10 根；无中鬃；背中鬃 8～12 根；翅前鬃 5～8 根，单排；小盾片鬃 5～14 根，1～2 排。翅脉比 1.06～1.20；前缘脉延伸长 30～50 μm；R 脉具 8～16 根刚毛，R_1 脉具 0～4 根刚毛，其余脉无毛；翅瓣毛 12～31 根。前足胫距长 53～90 μm，基部无鳞毛；中足 2 根胫距分别长 23～30 μm 和 30～50 μm；后足 2 根胫距，较短胫距长 12～30 μm，较长胫距长 55～80 μm，中后足胫距无或具薄弱的鳞毛；后足胫栉具 9～14 根棘刺；前足第一跗节、第二跗节一般无伪胫距，偶见 1 根；中足第一跗节具 1～3 根，第二跗节 0～2 根；后足伪胫距同中足。生殖节无外突的肛尖；第九背板具刚毛 38～87 根，中部后缘突出，形成尖角，常常似肛尖，被毛背板侧刚毛 6～10 根；阳茎内突长 105～130 μm，横腹内生殖突长 100～150 μm，中间上拱，两侧骨化突显著，上翘；阳茎刺突较细长，长 8～25 μm，含 2～4 根刺；抱器基节长 240～300 μm；下附器分上下两叶，下叶小于上叶，形状相似，外缘均较圆；抱器端节长 103～125 μm，亚端部具齿状至指状突起；抱器端棘长 15～30 μm；生殖节比 2.08～2.54；生殖节值 2.88～3.90。

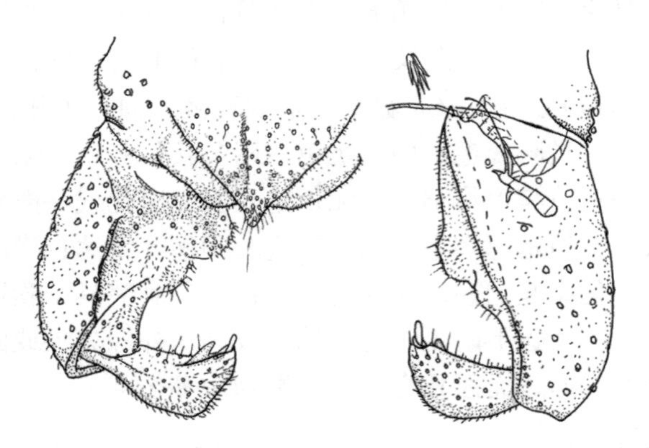

图 3-11　齿突水摇蚊 *Hydrobaenus dentistylus* Moubayed 雄性外生殖器

蛹：蛹小到中型，体长 3～7 mm。头胸部额突具额毛。额突褶皱状至几乎光滑；具退化至非常发达的疣。触角通常光滑，少数前中侧具珠状物。眼区具 1 根后眼眶鬃，少数 1 根顶鬃。胸毛长，具稀疏至密集的刺。少数具 2 根胸角前鬃，通常 3 根形成一排；具 4 根背中鬃，通常几乎等距；翅前鬃小或无。胸部光滑至细褶皱状。翅鞘光滑。腹部第一背板无或少数具非常细的前中侧鲛皮区；第二背板具细中部的鲛皮区；第三背板至第六背板具稍密集的发达的鲛皮区；第七背板至第九背板具细的前中侧的鲛皮区。Ⅰ腹板和Ⅸ腹板无或前中侧具很细的鲛皮区；剩余腹板的鲛皮区细小，位于前中侧，少数位于后中侧。Ⅱ背板具后侧钩状物。Ⅳ腹板至Ⅶ腹板或Ⅶ腹板至Ⅷ腹板具伪足 A；Ⅱ背板伪足 B 发达。表突黑色，背板和腹板明显。腹部Ⅰ节具4~5 根背刚毛，2~3 根侧刚毛和3 根腹刚毛。Ⅱ节至Ⅵ节具4 根侧刚毛，Ⅳ节侧刚毛0~1 根纤维状，Ⅴ节0~2 根纤维状，Ⅵ节0~4 根纤维状；Ⅶ节3 根或通常4 根侧刚毛，3~4 根纤维状；Ⅷ节具4~5 根纤维状侧刚毛。Ⅱ节至Ⅷ节具1 根腹前缘毛。肛叶具3 根等长的肛棘毛和退化的短缘毛。肛叶前部光滑，褶皱。雄虫生殖鞘接近于肛叶远端，具短的尖部突起或瘤。

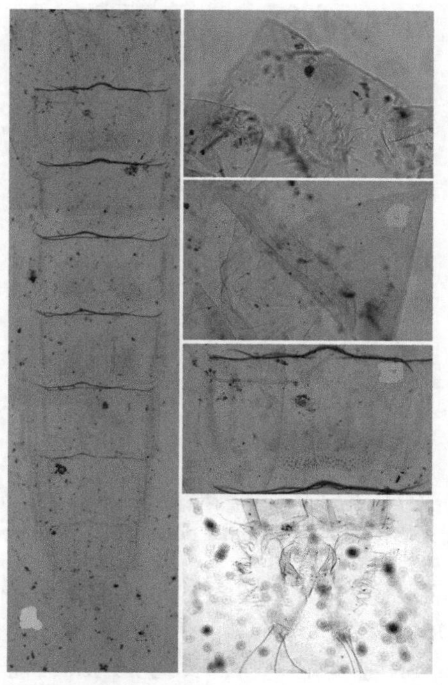

图 3-12　齿突水摇蚊 *Hydrobaenus dentistylus* Moubayed 蛹期

幼虫：体长约7.15 mm. 头壳长500 μm，宽约400 μm。头壳略带褐色，前上颚顶端1/2 处为黑色，上颚顶端、颏板和后头缘黑褐色。触角长

图 3-13　齿突水摇蚊 *Hydrobaenus dentistylus* Moubayed 幼虫

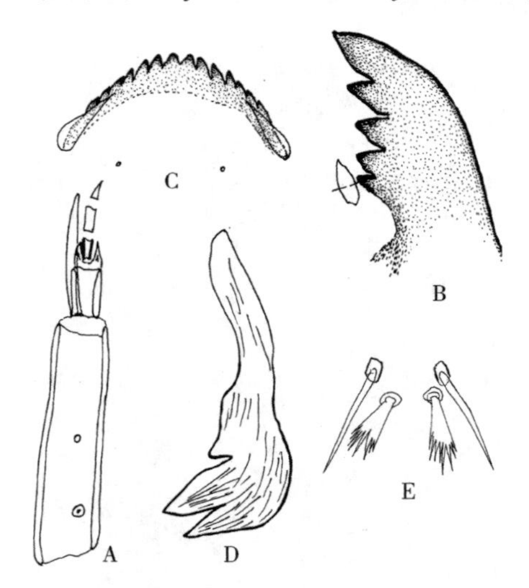

A. 触角；B. 上颚；C. 颏板；D. 前上颚；E. 上唇

图 3-14　齿突水摇蚊 *Hydrobaenus dentistylus* Moubayed 幼虫头部

115 μm；触角比 1.87；基节长宽比 4.00，环器在基部 1/5 处，感觉孔靠近基节 2/5 处；触角叶长约 35 μm，伸至第四节顶端。上唇 SI 刚毛 6~8 根，长约 37.5 μm；SII 感觉毛单一，长约 50 μm；前上颚二分叉，长约 87.5 μm；上颚长约 180 μm，上颚顶齿长约 22.5 μm，约是 3 枚内齿总宽度的 4/5；齿下毛长约 15 μm，达第一内齿端部。颏板宽约 175 μm；两颏中齿宽约 25 μm；腹颏板最大宽度约 15 μm；两亚颏毛间距约 80 μm；后颏长约 217.5 μm。腹部尾刚毛台约 60 μm，基部宽约 58 μm，部分骨化，顶端具有7根强壮刚毛，长约687.5 μm；肛上毛长约462.5 μm；后原足约150 μm，肛管是后原足长度的2/3。

图3-15　齿突水摇蚊 *Hydrobaenus dentistylus* Moubayed 幼虫头壳

分布　中国北京（颐和园）、天津、山东、辽宁、河北、湖北；日本、黎巴嫩。

9. 近藤水摇蚊 *Hydrobaenus kondoi* Sæther，1989（图3-16）

Hydrobaenus kondoi Sæther，1989：57；Sasa et Kondo，1991：102；Sæther，Ashe and Murray，2000：179；Yamamoto，2004：41

特征　雄成虫：体长3.90~5.95 mm；翅长2.23~3.43 mm；体翅比1.46~1.85；翅长/前足腿节长2.18~2.69；全身棕色至黑色，翅棕色。触角比2.20~3.20；颞毛7~15根，内顶鬃0~5根，外顶鬃3~7根，眶后鬃1~6根；唇基毛17~31根；幕骨长180~260 μm；下唇须5th/3rd 0.97~1.25。前胸背板鬃上侧毛0~3根，下侧毛6~16根；无中鬃；背中鬃8~23根；翅前鬃4~11根；小盾片鬃11~33根。翅脉比1.04~1.14；前缘脉延伸长25~70 μm；R脉具4~7根刚毛，其余脉无毛；翅瓣毛17~44根。前足胫距长63~110 μm，基部无齿状结构；中足2根胫距分别长20~50 μm和35~70 μm；后足2根胫距，较短胫距长20~48 μm，较长胫距长63~100 μm，无齿状结构；后足胫栉具10~14根棘刺；前足第一跗节无或具1~2根伪胫距，中后足第一跗节、第二跗节各具1~2根伪胫距；后足第一跗节具2根胫距，偶见1根或3根，第二跗节无或具1~2根伪胫距。生殖节肛尖极度退化，无或仅余1个小突起；第九背板具刚毛54~

79 根，背板侧刚毛 6~14 根；阳茎内突长 105~185 μm，横腹内生殖突长 113~190 μm，中间上拱，两侧骨化突显著；阳茎刺突骨化明显，短小，长 8~25 μm，含 2~4 根短刺；抱器基节长 310~400 μm；下附器分两叶，上叶较大和突出，两叶外缘较圆或略方；抱器端节长 120~180 μm，靠基部处有脊状隆起，端部附近无明显突起；抱器端棘长 15~25 μm；生殖节比 1.94~2.58；生殖节值 2.68~3.46。

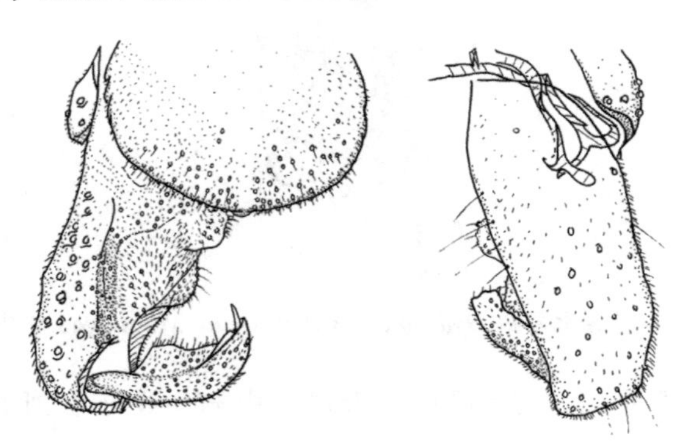

图 3-16 近藤水摇蚊 *Hydrobaenus kondoi* Sæther 雄性外生殖器

分布 中国北京（颐和园）、天津、辽宁、湖北；日本。

（六）双突摇蚊属 *Diplocladius* Kieffer

Diplocladius Kieffer in Kieffer and Thienemann, 1908 Z. wiss Insekt Biol. 4: 124. Type species: *Diplocladius cultriger* Kieffer, 1908

特征 体中型，翅长约 2.9 mm。触角 13 个鞭节，毛形感器位于触角的第二鞭节、第五鞭节和最末鞭节。触角比 1.30~2.16。头部复眼裸露，复眼不具有或轻微背部延伸，具外顶鬃，眶后鬃。食窦泵钝。前胸背板完好，背中部有“V”形缺刻并且分离。中鬃短，背中鬃单列，少量翅前鬃 1~2 根，翅上鬃缺失，小盾片上有单列的小盾片鬃。翅膜区无毛、具刻点，臀角稍微三角状。前缘脉略有延伸，R_{2+3}脉止于 R_1 脉和 R_{4+5}脉中间；R_{4+5}脉止于 M_{3+4}脉的背部末端；FCu 脉远离 R-M 脉，Cu_1 脉直，轻微弯曲，R_1 无刚毛。腋瓣裸露或少量毛。伪胫距、毛形感器缺失，爪垫退化。肛尖小，三角状，基部 1/2 处具有毛，阳茎刺突缺失。上附器长，叶状。抱器端节分叉，无亚端背脊。

分布 古北区、新北区、新热带区广布。

10. 痣双突摇蚊 *Diplocladius cultriger* Kieffer，1908（图 3-17）

Diplocladius cultriger Kieffer in Kieffer and Thienemann，1908：6. Sæther，1982：471；Wang，2000：635

特征　体长约 3. 24 mm；翅长约 2. 42 mm；体长/翅长约 1. 34。头部、胸部、触角、足、腹部均为深棕色；翅浅棕色。触角比 2. 19，末节长约 835 μm。幕骨长约 145 μm。下唇须 5 节，$5^{th}/3^{rd}$ 1. 14。胸部背中鬃 5 根，中鬃 10 根，翅前鬃 2 根，小盾片鬃 2 根。翅脉比 1. 05。臂脉有 1 根刚毛，R 脉有 5 根刚毛，其余脉无刚毛，腋瓣无刚毛。臀角正常。生殖节第九背板有 30 根刚毛；第九肛节侧片有 4 根毛。阳茎内突长约 100 μm，横腹内生殖突长约 75 μm。抱器基节长约 265 μm。抱器端节长 75~105 μm；下附器长椭圆形，密布微毛，有 7 根长刚毛。无抱器端棘。生殖节比 2. 52；生殖节值 3. 08。

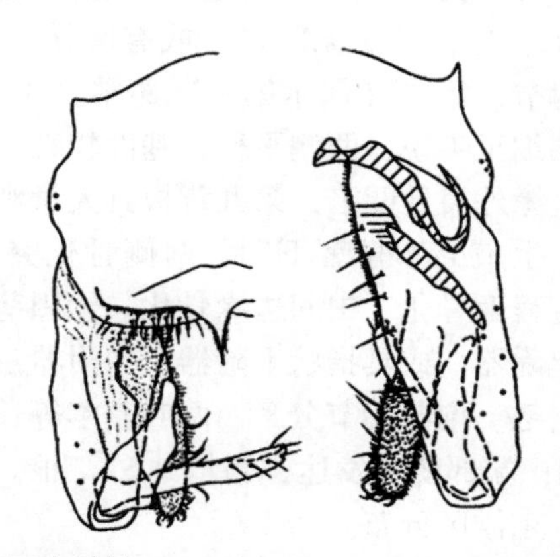

图 3-17　痣双突摇蚊 *Diplocladius cultriger* Kieffer 雄性外生殖器

分布　中国北京（颐和园）、天津；尼加拉瓜，全北区广布。

（七）裸须摇蚊属 *Propsilocerus* Kieffer

Propsilocerus Kieffer，1923. Annls Soc. Scient. Brux. 42：138. Type species：*Propsilocerus lacustris* Kieffer，1923

特征　体型大型至极大型，翅长可达 2. 5~7. 3 mm。体色棕黑色至深棕色。触角 13 节，偶见 12 节；具长鬃毛，或长鬃毛退化；触角沟自第三鞭节或仅在第二鞭节或第三鞭节明显可见。毛形感器不发达，生长于第二鞭节、第三鞭节和第十三鞭节，末端无端毛。触角比 0. 6~3. 5。头部复眼无毛，无背中突，即使具有背向延伸，延伸部位也不具有小眼。下唇须短，4~5 节；当具 4 节时，第三节和第四节几乎等长；具 5 节时，第三节和第五节等长或更长，第三节具 2~10 根不发达棒状感器。颞毛少但较粗壮，无内顶鬃或内、外顶鬃界限不分明，偶有后框鬃；唇基大而显著，上具多毛。胸部前胸背板发达，中央“V”形凹陷分开；侧背板鬃多，无中鬃；背中鬃单排至多排，26~89 根；翅前鬃 4~60 根；翅上鬃 1~3 根；前前侧片有时具鬃毛，可多达 65 根；后上前侧片偶具鬃毛。翅间质无毛，具显著刻点。臀尖发达，轻微至明显突出。前缘脉正常延伸；R_{2+3}脉沿 R_1 和 R_{4+5}脉中间至 R_1 和 R_{4+5}脉间距离的 2/5~3/5 处；R_{4+5}脉末端远离 M_{3+4} 脉；FCu 脉方向与 R-M 脉相反；Cu_1 轻微弯曲；后肘脉及臀脉末端远离 FCu 脉。臂脉具 1~7 根毛；前缘脉延伸具 0~3 根毛；R 脉具 4~24 根毛，R_1 脉无毛，R_{4+5}脉偶具 1~2 根端毛；其他脉无毛。腋瓣具 30~68 根刚毛和显著微毛。足胫距发达，后足无胫栉，或有胫栉。无伪胫距，或在前足、中后足的第一跗节、第二（偶尔第三）跗节具 1~6 根伪胫距。爪垫小。肛尖较短，末端细至尖锐，两侧平行，基部较直，无刚毛或微毛；或无肛尖，第九背板后缘外突处凹陷，第九背板具大量刚毛（49~160），侧板具 2~24 根刚毛。生殖突不显著下凹，两侧骨化突发达；阳茎内突发达，阳茎叶宽，一定程度骨化，中间边缘骨化。无阳茎刺突。抱器基节发达，下附器长，无上附器，或具指状上附器；中附器三角状且具骨刺，端部具刚毛，或只具刚毛。抱器端节分叉，两叶基本等长或内叶略长于外叶的 1/2；具冠状突起；端部棘刺发达，偶尔具 5~7 根。

分布 古北区、东洋区分布。

11. 红色裸须摇蚊 *Propsilocerus akamusi* Tokunaga，1938（图 3-18）

Spaniotoma akamusi Tokunaga，1938. 65：317

Propsilocerus akamusi Sæther et Wang，1996：441. Wang，2000：638

特征 雄成虫：体长约 7.26 mm；翅长约 4.10 mm；体翅比约 1.77，翅长/前足腿节长约 2.72；触角、头部棕色，棕色胸部棕黑色，足深棕色，腿节、胫节略浅，腹部第二节至第四节深棕色，第六节至第九节棕黑色；翅前缘脉、亚前缘脉、R 脉、R_1 脉棕色，R-M、R_{4+5}和 M 脉深棕色。触角比 2.43；无内、外顶鬃，具后眶鬃 2 根；唇基毛 28 根；幕骨长 360 μm；下唇须 5 节，第二节较圆，$5^{th}/3^{rd}$ 1.13。胸部前胸背板鬃上侧无，下侧 15 根；背中鬃 34 根，1~2 排；翅前鬃 13 根，多排；小盾片鬃

44根，多排；前前侧片鬃10根。前缘脉延伸长约60 μm；R脉具9根刚毛，其余脉无毛；翅瓣毛约60根。前足胫距长约115 μm，基部无齿状结构；中足2根胫距分别约为75 μm和85 μm；后足2根胫距分别长约70 μm和95 μm；中后足胫距具极薄的齿状结构；中后足第一跗节、第二跗节各具2根伪胫距。生殖节第九背板具刚毛60根，基部毛点明显膨大，分布于肛尖基部两侧，背板侧刚毛11根；阳茎内突长约275 μm，极宽；横腹内生殖突长约230 μm，中间较细，两侧骨化突发达，粗厚；抱器基节长约670 μm，其上刚毛基部多具大且色浅的圆形区域；上附器长约165 μm，指状，背面有2~3列刚毛，末端光滑无毛；上附器基部上方有一突起，外缘略方，多毛，其中4根较长刚毛；下附器舌状至指状，长约250 μm，背腹侧均多毛；中附器具2根极细棘刺；抱器端节长约350 μm，自基部约1/2处起分叉且内叶骨化显著，腹面基部长有一明显指状突起，上具刚毛；抱器端棘未能观察到；生殖节比1.86；生殖节值2.07。

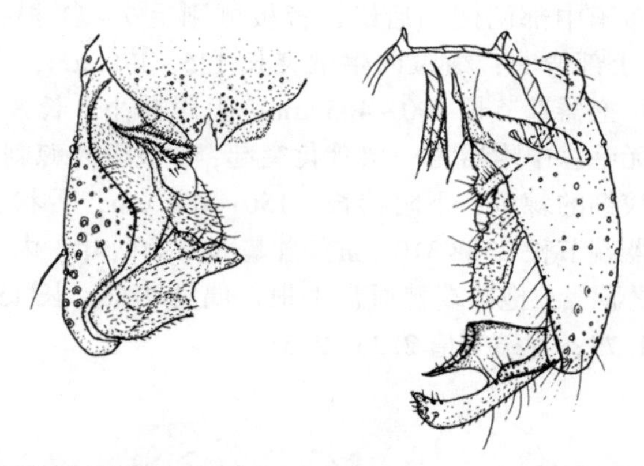

图3-18　红色裸须摇蚊 *Propsilocerus akamusi*（Tokunaga）雄性外生殖器

分布　中国北京（颐和园）、天津、河北、辽宁、湖北；韩国、日本。

12. 中华裸须摇蚊 *Propsilocerus sinicus* Sæther et Wang，1996（图3-19）

Propsilocerus sinicus Sæther and Wang，1996：457. Wang and Sæther，2001：141.

特征　雄成虫：体长5.18~7.08 mm；翅长3.04~3.74 mm；体翅比

1.84~2.01，翅长/前足腿节长 2.57~3.04；触角、头、胸部、足、腹部皆为深棕色，足胫节中部有黄色斑环，腹部Ⅴ~Ⅶ节后缘中间色浅至无色；翅前缘脉、亚前缘脉、R 脉、R_1 脉、R-M、R_{4+5}和 M 脉深棕色，其余脉色极浅。头部触角 13 节，触角比 2.79~3.52；无内顶鬃，外顶鬃及后眶鬃界限不清，共 2~6 根；唇基毛 34~48 根；幕骨长 230~240 μm；下唇须 5 节，$5^{th}/3^{rd}$ 0.92~1.10，1.04。前胸背板鬃上侧无，下侧 11~14 根；背中鬃 25~43 根，一至多排；翅前鬃 3~6 根；小盾片鬃 8~14 根，1~2 排；翅上鬃 1 根；后上前侧片具 5~9 个白色毛点。翅臀角发达且明显突出，前缘脉延伸 63~130 μm；R 脉具 4~7 根刚毛，其余脉无毛；翅瓣毛 41~65 根。前足胫距长 75~108 μm，基部无齿状结构；中足 2 根胫距分别为 55~68 μm 和 60~88 μm；后足 2 根胫距分别长 50~85 μm 和 70~90 μm；中后足胫距具极薄的齿状结构；各足均无伪胫距。生殖节无肛尖，第九背板后缘中间向后突出，顶端平或轻微内陷；第九背板具刚毛 39~72 根，分布于中部两侧和后缘，背板侧刚毛 7~11 根；阳茎内突长 200~258 μm，上部弯曲；横腹内生殖突长 135~170 μm，两侧骨化突发达，呈三角形；抱器基节长 400~465 μm；上附器小，长 35~48 μm，指状，末端光滑无毛；中附器为一层骨化突起，1 根粗大棘刺，上方偶见 1 根长度相近但较细的棘刺；下附器长，150~180 μm，舌状至指状，背腹侧均多毛；抱器端节长 230~310 μm，自基部分为两叶，内叶长度不及外叶的 1/2，骨化显著；抱器端棘通常 1 根，偶见 2 根，长 15~23 μm；生殖节比 1.50~1.79；生殖节值 2.23~2.51。

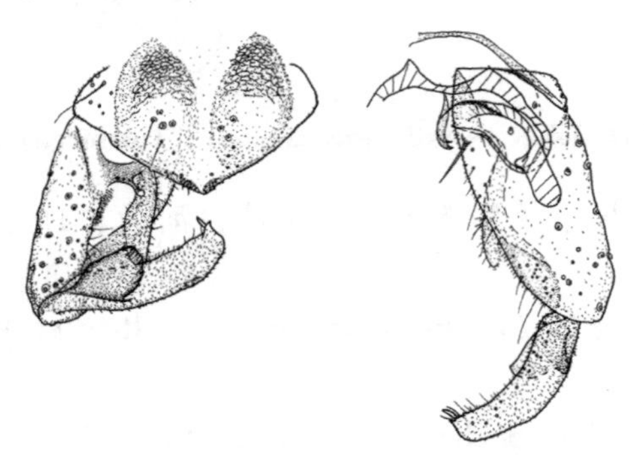

图 3-19　中华裸须摇蚊 *Propsilocerus sinicus* Sæther et Wang 雄性外生殖器

分布　中国北京（颐和园）、天津、河北、辽宁。

摇蚊亚科 Chironominae

雄成虫翅长，翅脉清晰，翅膜区部分覆毛，无 MCu 脉，翅部分具色斑，臀角常发达，腋瓣具大量缘毛。雄性触角节数不等，部分末鞭节具有刚毛。前胸背板发达，偶具前胸背板鬃。盾片常具明显色斑或色带。中鬃常多列存在。背中鬃存在，不规则排列。足部分具色带，前足比大于 1。腹部背板覆大毛，为重要分类依据。雄性生殖节结构复杂。肛尖圆锥形。阳茎内突明显，横腹内突前端细尖。多数种类具有上附器、中附器或下附器。抱器基节与抱器端节愈合。

蛹期前额毛种类多样，通常比较细，缘毛状。通常具头瘤，形状从堆形到长锥形至管状不等，有些强烈的几丁化且少数刀叉状或分枝状。具胸角，圆形，椭圆形或肾形。长跗摇蚊族的胸角简单，光秃或具部分刚毛。伪摇蚊属具两个分叉的胸角。摇蚊族具多个分叉。摇蚊族腹部背板的表面多样化，通常前部且或后部具横带状强的尖或脊。长跗摇蚊族通常具一对或单个块状或长带状尖状结构或脊。肛叶通常非常发达，大多数完全覆盖薄片状缘毛，少数缘毛中断，退化，极少数无。第八背板后侧角具刺或筛子，有时无或者具齿状结构。

幼虫头壳背面额唇基存在或者唇基与额板分离，上唇总是由单一或者成对的骨片组成，在少数几个属中，额板的亚前端具有椭圆形或者圆形的凹陷。触角 5~8 节。上颚在摇蚊族和长跗摇蚊族中，常常具有背齿，个别种类还具有表齿。上颚栉发达。颏板通常由 9~16 个黑色颏齿组成，有时颏中齿和整个颏板颜色较淡。腹颏板发达，扇形或者矩形，通常具有发达的影线纹。

颐和园摇蚊亚科分属检索表

1. 翅有或无大毛；若有大毛，则腋瓣有缘毛；R-M 脉与 R_{4+5} 脉斜向平行 ………… 2
   翅密被大毛；腋瓣无缘毛；R-M 脉与 R_{4+5} 脉相互平行 ………………… 小突摇蚊属
2. 鞭节 11 节，少数 9 节；第八背板前沿正常 ……………………………………… 3
   鞭节 13 节；第八背板前沿渐变窄……………………………………………… 多足摇蚊属
3. 前胸背板侧叶背中部缺失，若有则不分离 …………………………………… 4

前胸背板两侧叶在背中部分离 …………………………………………………… 雕翅摇蚊属

4. 下附器常较小，或缺如，只有微毛但绝无密生的刚毛 ………………………… 5

下附器发育正常，常为圆柱状或球拍状，具密生刚毛 ………………………… 7

5. 上附器明显 ……………………………………………………………………………… 6

上附器退化缺失 ………………………………………………………………… 枝角摇蚊属

6. 无下附器 …………………………………………………………………………… 小摇蚊属

具小的下附器 …………………………………………………………………… 拟摇蚊属

7. 第六腹板上常有宽大的刚毛；下附器弯曲，中基部窄 ………………… 二叉摇蚊属

第六腹板无上述刚毛；下附器器近圆柱状 ………………………………………… 摇蚊属

(八) 多足摇蚊属 *Polypedilum* Kieffer

Polypedilum Kieffer，1912. Supplta. Ent. ：41. Type species：*Polypedilum pelostolum* Kieffer，1912：41

特征 体小型到大型，翅长 0.70~3.50 mm。体色淡或黑，翅具翅斑或呈褐色，足有时具各种黑色环。鞭节多数 13 节，偶见 5 节或 6 节，触角毛发达或退化（短且稀）。触角比 0.20~3.50。复眼光裸，背中部具边缘平行的突起。额瘤缺失，若存在则小。下唇须 5 节，第三节和第四节端部具感觉器。前胸背板叶背部稍窄，两前胸背板中部稍分离，前胸背板鬃存在或缺失。盾片达到或稍超过前胸背板，盾片瘤常缺失。中鬃长，2 列；背中鬃长，一列至多列；翅前鬃一列至多列；小盾片鬃一列至多列；翅上鬃、前前侧片鬃和上前侧片鬃缺失。翅膜质部分无毛或有许多大毛（毛翅多足摇蚊亚属和部分三突多足摇蚊亚属），有中等或大的刻点。臀叶弱或发达。前缘脉不延伸，达翅端部；R_{2+3}常逐渐消失或达 R_1 和 R_{4+5} 脉间 1/3 处；FCu 与 R-M 相对或多数远离。R_1 和 R_{4+5}有少或多数毛，偶尔光裸。腋瓣缘毛两个或多数毛，偶尔光裸。前足胫节鳞片三角形具刺或椭圆形端部圆。中后足胫节前栉宽阔无距，后栉细长具长距，两栉分离。爪垫典型二分叉。常具细长毛。第八背板前端逐渐变小，三角形。肛节背板色带弱基部未愈合；或发达基部愈合；包围肛节背板中刚毛。肛节背板中部有分散摆列的或围成椭圆形的长毛，与肛尖两侧弱的毛相分离。第九背板后端圆或尖，有时平截。肛尖多半细长到宽阔偶尔缺失。上附器多变，基部常多具长毛和微毛，钩状突起光裸或基部 1/2 具微毛，指状部常有或无侧毛；有时指状突起缺失，仅具球拍状基部；基部也可能退化为具 2~3 根长刚毛的小突起。中附器缺失。下附器边缘平行或端部棒状，背

腹常具微毛，端部常具长刚毛指向后方。抱器端节形状和长度多变，与抱器基节相连处窄；抱器端节内缘刚毛长，均匀分布不成簇。

分布　世界各大地理分布区。

13. 云集多足摇蚊 *Polypedilum nubifer*（Skuse，1889）（图 3-20、图 3-21）

Chironomus nubifer Skuse，1889：205

Polypedilum nubifer：Freeman，1961：707；Sasa and Sublette，1979：93

特征　雄成虫：体长 3.55～5.05 mm，翅长 1.69～2.62 mm，头部褐色，胸部深褐色至黑色，腿节和跗节Ⅳ～Ⅴ褐色，胫节和跗节Ⅰ～Ⅲ黄色。腹部褐色。翅具有弱的翅斑。头部具有柱状瘤。触角比 2.09～2.82；末鞭节长 642～856 μm，内顶鬃 3～9 根，外顶鬃 3～20 根，眶后鬃 2～5 根。唇基毛 12～25 根。翅缘毛 7～16 根，臀叶发达。背中鬃 16～40 根，中鬃 10～23 根，翅前鬃 4～8 根。前足比 1.40～1.57；中足比 0.59～0.68；后足比 0.64～0.80。肛节背板发达，基部愈合。第九背板中部具 8～17 根刚毛，第九侧板具 2～4 根刚毛。肛尖长 75～130 μm，两侧平行。阳茎内突长 100～169 μm，横腹内突长 44～82 μm。抱器基节长 182～247 μm，上附器中部直，端部稍膨大，基部覆盖微毛，突起无侧毛。下附器长 125～182 μm，端部 1/3 处向外弯曲，具 18～24 根长刚毛。抱器端节长 112～153 μm。生殖节比 1.48～1.80；生殖节值 2.91～3.53。

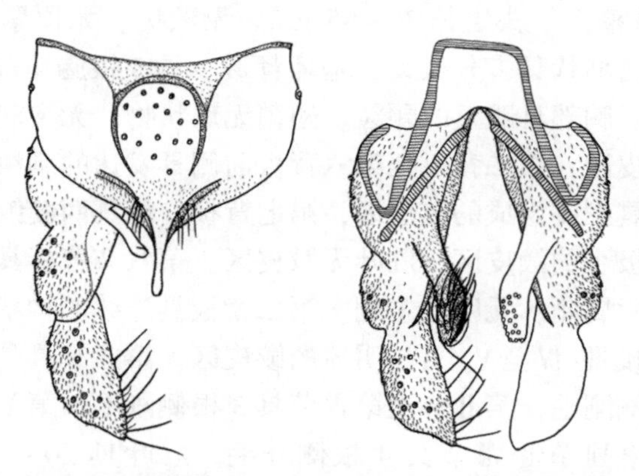

图 3-20　云集多足摇蚊 *Polypedilum nubifer*（Skuse）雄性外生殖器

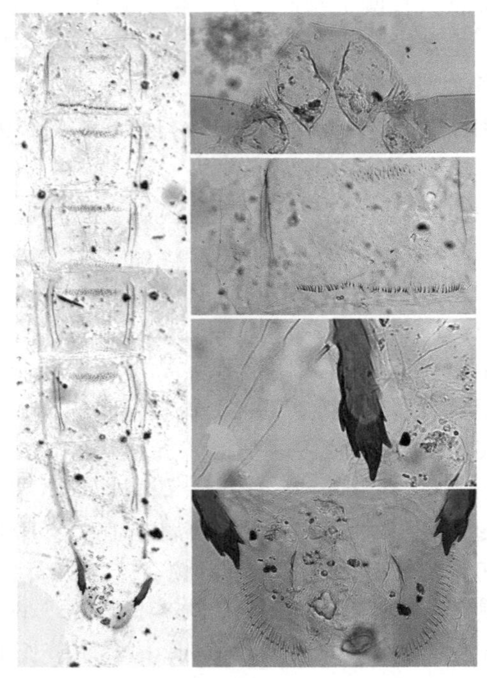

图 3-21　云集多足摇蚊 *Polypedilum nubifer*（Skuse）蛹期

蛹：蛹小型，体长 3.5～4.5 mm。蛹皮黄色。头胸部额毛长 50～80 μm，位于头瘤上，头瘤长 70～85 μm。无额疣。无顶鬃。具 2 根侧前胸背板鬃。胸角羽状具多分枝叉。基环肾形。具 3 根胸角前鬃。4 根背中鬃，分成两组。胸部具明显的颗粒。翅鞘无珠状物，无突起，光滑。腹部第一背板无鲛皮区，第二背板至第六背板前侧具发达的刺组成的横带状鲛皮区，后中部具细刺组成的鲛皮区，第七背板前侧具两簇鲛皮区，第八背板前侧具两簇极小的鲛皮区，肛叶无鲛皮区。第八节背板具肛栉，为单个粗钝状具多个附属刺，无明显主刺。第二背板具连续的钩状物，几乎等于节宽。节间连接Ⅲ/Ⅳ至Ⅴ/Ⅵ具明显的鲛皮区。第Ⅱ节具伪足 B。腹部被毛：第Ⅰ节无侧刚毛，第Ⅱ节至第Ⅳ节具 3 根侧刚毛；第Ⅴ节至第Ⅵ节具 3 根侧纤毛，第Ⅶ节和Ⅷ节具 4 根侧纤毛。肛叶具 20～24 根缘毛，长 125～200 μm，宽 80～150 μm，无背毛。肛叶生殖鞘长 140～175 μm，不超出肛叶。

分布　中国北京（颐和园）、天津、内蒙古、辽宁、安徽、河南、湖北、海南、四川、贵州、云南、陕西、宁夏、新疆；广布于古北区、东洋区、非洲区、澳洲区。

（九）雕翅摇蚊属 *Glyptotendipes* Kieffer

Glyptotendipes Kieffer，1913. Biol. Zbl，33：255. Type species：*Glyptotendipes sigillatus* Kieffer，1922

特征　体型中等，翅长可达3.5 mm。触角11鞭节，触角比超过2.0。复眼裸露，具两侧平行的背中突；额瘤存在，通常发育良好；下唇须5节，靠近第3节顶端有几个感觉棒。前胸背板基部宽，中部窄，在背部分离呈“V”形缺口。盾片稍微超过前胸背板，无盾片瘤。中鬃单列至两列；背中鬃单列至多列；翅前鬃单列至两列；小盾片鬃无序至两列。翅膜区无毛，有明亮的刻点。臀域部分有更明亮的刻点。臀叶钝圆或不明显。C脉不延伸；R_{4+5}脉末端接近翅缘；R_{2+3}脉止于R_1脉和R_{4+5}脉端部1/3处；肘脉叉与R-M脉相对。R、R_1和R_{4+5}脉上有刚毛。腋瓣具大量缘毛。前足胫节无胫距，有圆的鳞状突，跗节通常有须状毛，有时长而稀少，有时短而密或者很少。中后足有相似的胫栉，每一胫栉有一长的胫距。伪胫距消失。中后足第一跗节端部1/2处有毛形感器。爪垫叶状，与爪的长度相当。腹部背板刚毛密，分布均匀，第Ⅱ节或第Ⅲ节至第Ⅵ节有马蹄状斑痕。生殖节、肛节背板带明显，中部愈合，背板中部刚毛形成椭圆形，端部刚毛短。肛尖基部窄，端部膨大，“T”形。上附器基部具有短的刚毛和微毛，端部方向逐渐变细，呈光裸弯曲的指状，顶端钩状。中附器消失。下附器端部近似棒状，相对较短，不及肛尖顶端，遍布微毛，端部有很多刚毛。抱器端节与基节分隔明显，抱器基节内部边缘为刀锋状。横腹内生殖突宽圆，无突起部分。

分布　全北区广布。

14. 绿雕翅摇蚊 *Glyptotendipes viridis*（Macquart，1834）（图3-22、图3-23）

Chironomus viridis Macquart，1834：52

Glyptotendipes viridis：Goetghebuer，1937：17；Contreras-Lichtenberg，2001：437；Pinder，1978：124；Wang，2000：644

特征　雄成虫：体长4.48~5.05 mm；翅长2.30~2.53 mm；体翅比1.90~2.20；翅长/前足腿节长2.42~2.66。全身棕黄色。触角比3.00~

3. 54；颏毛共 20 根；唇基毛 16 ~ 20 根；下唇须 5th/3rd 1. 56。翅脉比 1. 02~1. 10；臂脉具 2~3 根长刚毛；R 脉具 12 ~ 18 根刚毛，R_1 脉具 4 ~ 7 根，R_{4+5}脉具 6~13 根；腋瓣具 13 ~ 19 根缘毛。胸部背中鬃 11 根；中鬃 12 根；翅前鬃 4~6 根。中后足跗节第一节分别有 11~15 个和 4~6 个毛形感器。中足 2 根胫距分别长约 25 μm 和 30 μm。后足 2 根胫距分别长约 30 μm 和 30 μm。前足、中足和后足胫节宽分别为 75~85 μm、65 μm 和 70 μm。生殖节肛背板条带明显，第九背板具几根刚毛；肛尖指状，从基部逐渐变细，长 65~73 μm；上附器基部有微毛，端部弯曲，呈指状；下附器宽大，粗短，与抱器基节齐平，长 80 ~ 85 μm；抱器基节长 183 ~ 245 μm；抱器端节长 180 ~ 220 μm；生殖节比 0. 83 ~ 1. 26；生殖节值 2. 3~2. 67；横腹内生殖突长约 50 μm。

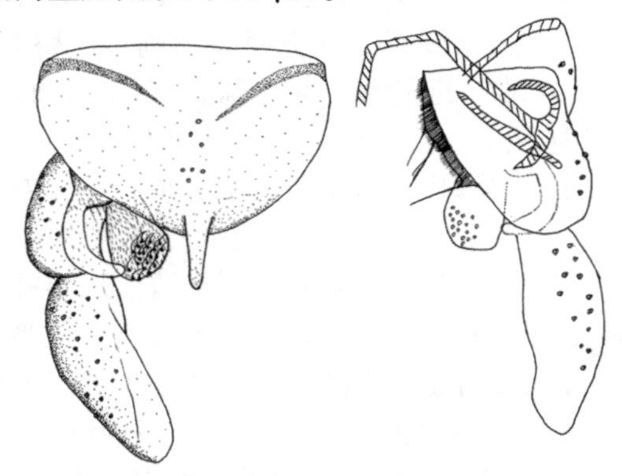

图 3-22　绿雕翅摇蚊 *Glyptotendipes viridis*（Macquart）雄性外生殖器

蛹期：蛹小型，体长 3. 20 ~ 4. 30 mm。蛹皮黄褐色。头胸部额毛长 38~63 μm，起源于头瘤亚前端，头瘤长 50 ~ 70 μm。无额疣。无顶鬃。前胸背板具 1 根侧前胸背板鬃。胸角长，羽状。基环很小肾形，内具有 2 个小的融合的气管枝。胸部具 1 排大的瘤，具 3 根胸角前鬃。4 根背中鬃，分成两组。翅鞘无珠状物，无突起，光滑。腹部第一背板无鲛皮区，第二背板至第五背板具细小的颗粒组成的鲛皮区，第六背板前侧具横排的鲛皮区，由细刺组成，第七背板和第八背板无鲛皮区。第三背板至第六背板前侧具几乎光裸的几丁质的球拍状结构，前侧 7~10 根齿状刺。球拍状结构长 50~100 μm，宽 30~48 μm。第八背板后侧具肛栉，具 2 根小的独立的细刺。第Ⅱ节背板后缘具连续钩状物，约等于节宽。第Ⅳ节具伪足

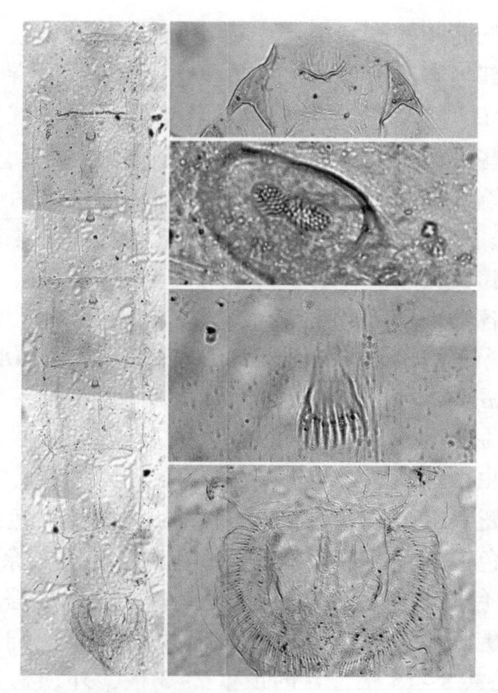

图 3-23　绿雕翅摇蚊 *Glyptotendipes viridis*（Macquart）蛹期

A，第Ⅱ节具伪足 B。腹部被毛第Ⅱ节至Ⅳ节具 3 根侧刚毛。第Ⅴ节至Ⅶ节具 4 根侧纤毛，第Ⅷ节具 5 根侧纤毛。肛叶具密集的缘毛，缘毛分单排，52~60 根，肛叶长 200~250 μm，宽 125~150 μm，肛叶生殖鞘长 125~200 μm，不超出肛叶。

分布　中国北京（颐和园）、天津、宁夏；日本，欧洲。

（十）枝角摇蚊属 *Cladopelma* Kieffer

Cladopelma Kieffer，1921. Annls. Soc. Scient. Brux. 40：274. Type species：*Chironomus virescens* Meigen，1818

特征　体小型，翅长 1.7~2.0 mm。触角 11 鞭节，触角比 2.1~2.5。头部眼无毛，两侧具平行的背中突；具额瘤；唇须发达。胸部前胸背板中部不完全分离；有或无胸瘤；常具前胸背板鬃；具少数中鬃、背中鬃、翅前鬃和小盾鬃。翅膜区无毛；无 C 脉延伸；R_{4+5}脉顶端接近于 M_{1+2}脉的顶端；R_{2+3}脉止于 R_1 脉和 R_{4+5}脉中点处；FCu 脉远离 R-M 脉；腋瓣具长缘毛。前足胫端具低而圆的鳞状突；中后足胫节胫梳密集，各具2根胫距；中足第一跗节中部生有毛形感器；爪垫发达。肛节背板带形态多变，直线形、"V"形或"H"形。第九背板具高耸中脊，且在肛尖基部形成成对的径向突起；有些种类第九背板形成翅翼或正方形肩翼，覆盖肛尖基部。肛尖两侧平行且端部钝圆，或尖，或远端膨大。上附器小，被长刚毛和小刚毛；无下附器。抱器基节和端节愈合，长且弯曲，常在基部1/2处变窄，偶尔内边缘膨大突出。

分布 世界各大地理区。

15. 绿枝角摇蚊 *Cladopelma virescens*（Meigen，1818）（图3-24）

Chironomus virescens Meigen 1818：23

Cladopelma virescens（Meigen）Wang et al. 1991：13；Wang 2000：643

特征 雄成虫：体长2.63~3.68 mm；翅长1.40~1.70 mm；体长/翅长1.84~2.16；翅长/前足腿节长2.46~2.68。胸黄绿色到深棕色，有时胸黄棕色具深棕色色斑；前足除腿节黄绿色或棕色外其余深棕色；中后足除跗节3~5深棕色外其余黄绿色；腹部背板黄绿色至棕色变化。触角比1.77~2.25；末鞭节长530~630 μm；额瘤大，椭圆形，长18~30 μm，宽10~20 μm；颞毛共8~15根，含内顶鬃2~3根，外顶鬃3~6根，眶后鬃3~6根；唇基毛11~16根；幕骨长110~130 μm，宽20~30 μm。下唇须$5^{th}/3^{rd}$ 1.17~1.93。前胸背板鬃2~3根，中鬃5~7根，背中鬃6~11根，翅前鬃2~4根，小盾片鬃3~8根。翅脉比1.11~1.21；R脉和R_1脉无毛，R_{4+5}脉顶端具2根小刚毛。臀脉具1~2根大刚毛，腋瓣缘毛4~9根，臀角钝。前足胫端具2根亚顶端长毛，各长70~105 μm和70~118 μm，中足2根胫距各长13~18 μm和16~23 μm，胫栉20~28根，长8~9 μm；后足2根胫距各长16~25 μm和24~30 μm，胫栉32~38根，长8~10 μm。中足第一跗节具4~9个毛形感器。第九背板后缘具1对叶状突起，生8~14根粗壮大刚毛和若干小刚毛，第九侧板侧刚毛3~4根；肛尖长82~90 μm，中基部宽26~40 μm，顶端钝圆，肛尖中肋"V"形伸向第九背板，生侧刚毛8~12根和若干小刚毛。上附器高度退化，指状，长7~9 μm，顶端具1~3根刚毛且密被小刚毛。肛节背板带"H"形；阳茎内突长75~100 μm，横腹内生殖突长24~35 μm。抱器基节长80~110 μm，内边缘具粗壮刚毛5~6根；抱器端节长160~192 μm，与基节愈合，且愈合处较细，内弯，中部最宽，内边缘生7~11根刚毛。生殖节比

0.50~0.63；生殖节值 1.61~2.10。

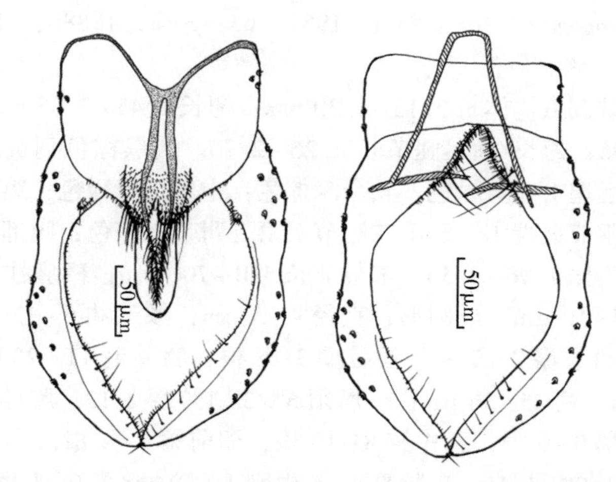

图 3-24　绿枝角摇蚊 *Cladopelma virescens*（Meigen）雄性外生殖器

分布　中国北京（颐和园）、天津、河北、内蒙古、宁夏、新疆；欧洲。

（十一）小摇蚊属 *Microchironomus* Kieffer，1918

Microchironomus Kieffer，1918. Annls Hist Natu. Hung.，16：113. Type species：*Chironomus lendli* Kieffer，1918

特征　体小型至中型，翅长 1.1~2.5 mm；体绿色，色斑浅棕色或棕色。触角 11 鞭节，触角比 1.8~2.8。头部眼无毛，具两侧平行的背中突；具小额瘤或无；幕骨背部长；唇须发达。胸部前胸背板中部不分离；具小胸瘤；具前胸背板鬃、中鬃、背中鬃、翅前鬃和小盾鬃。翅膜区无毛；C 脉末端不超出 R_{4+5} 脉，R_{2+3} 脉末端位于 R_1 脉末端和 R_{4+5} 脉末端中部，FCu 脉超出 R-M 脉；腋瓣具缘毛。前足胫端生一低而圆的鳞状突；中后足具密集的胫栉，各具 2 个胫距；中足第一跗节具毛形感器，爪垫发达，长是爪的一半。生殖节肛尖细长或宽，末端钝圆，中央常具肋，伸向第九背板。肛尖两侧具 1 对膨大突起，其上着生粗刚毛。上附器长，杆状或指状，具几根长刚毛，无小刚毛；无下附器；抱器基节与端节愈合，基部具内突，端部具顶齿。

分布　世界各大地理区。

16. 塔氏小摇蚊 *Microchironomus tabarui* Sasa，1987（图 3-25）

Microchironomus tabarui Sasa，1987：63；Sasa，1988b：56；Yan and Wang，2006：59

特征 雄成虫：体长 3.13～4.70 mm；翅长 1.45～2.05 mm；体长/翅长 1.72～2.45；翅长/前足腿节长 2.26～2.70。胸黑棕色到黄绿色；前足腿节和胫节远端 1/3 黄绿色，其余深棕色；中后足黄绿色，第五跗节深棕色，或第一跗节远端 1/3 和第二跗节至第五跗节深棕色；腹部背板黄绿色到棕色。触角比 1.96～2.56；末鞭节长 530～700 μm；额瘤柱形，长 10～13 μm，宽 7～10 μm，或圆形，直径 4～5 μm；颞毛共 6～12 根，含内顶鬃 0～4 根，外顶鬃 2～5 根，眶后鬃 3～6 根；唇基毛 11～20 根；幕骨长 120～155 μm，宽 25～36 μm；下唇须 $5^{th}/3^{rd}$ 1.72～2.12。胸部前胸背板鬃 0～7 根，中鬃 0～9 根，背中鬃 8～10 根，翅前鬃 3～4 根，小盾片鬃 3～9 根。翅脉比 1.08～1.16；R 脉具 0～6 根刚毛，R_1 脉具 0～1 根刚毛，R_{4+5} 脉顶端具 2 根刚毛。臀脉具 2 根大刚毛；腋瓣缘毛 12～28 根。前足胫端具 2 根亚顶端长毛，分别长 75～100 μm、65～87 μm；中足 2 根胫距分别长 16～24 μm、19～25 μm，胫栉 23～32 根，长 8～10 μm；后足 2 根胫距分别长 20～25 μm、25～30 μm，胫栉 30～40 根，长 8～10 μm。中足第一

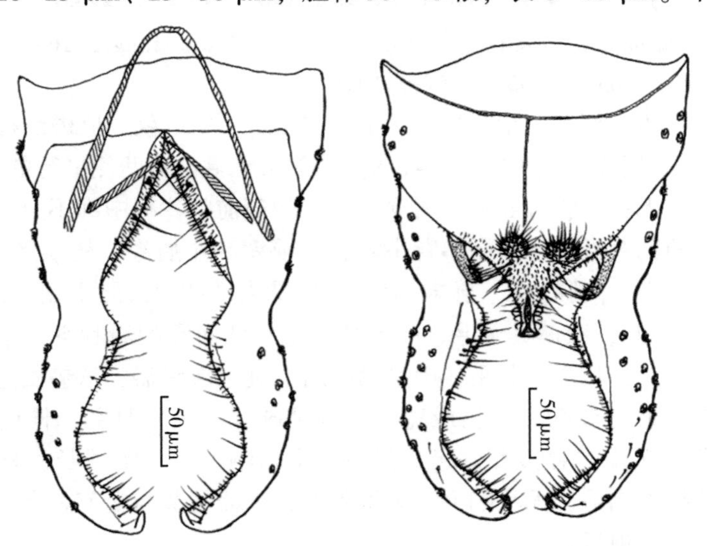

图 3-25 塔氏小摇蚊 *Microchironomus tabarui* Sasa 雄性外生殖器

跗节具 11~19 个毛形感器。生殖节第九背板后缘具 7~10 根长刚毛；第九背板具 2~5 根侧刚毛。肛尖长 50~62 μm，基部宽 25~33 μm，顶端宽 18~25 μm；肛尖中肋伸向第九背板，具 12~18 根侧刚毛。肛节背板带“T”形，阳茎内突长 55~98 μm，横腹内生殖突长 35~63 μm。上附器指形，长 50~88 μm，具 4~5 根顶刚毛和 4~12 根小刚毛。第九背板后缘突起具 8~12 根长刚毛和小刚毛。抱器基节长 105~137 μm，内边缘具 3~5 根粗壮大刚毛；抱器端节长 183~225 μm，内边缘基部具突起，且具 22~28 根长刚毛。生殖节比 0.47~0.73；生殖节值 1.66~2.09。

分布　中国北京（颐和园）、天津、河北、江苏、湖北、贵州；日本。

（十二）拟摇蚊属 *Parachironomus* Lenz

Parachironomus Lenz，1921. Dt. Ent. Z.，160. Type species：*Chironomus cryptotomus* Kieffer，1915

特征　体中型至大型，翅长 2.0~4.5 mm；体黄色、绿色或棕色，色斑棕色或黑色，部分种类足和腹部具色带。触角鞭节 11 节，触角比 1.5~3.3。头部眼无毛，具两侧平行的背中突；无额瘤或偶尔具小额瘤；幕骨背部较长，唇须发达。胸部前胸背板具凹刻中部不分离，无或具小胸瘤，具前胸背板鬃，中鬃多，背中鬃 1~3 列，翅前鬃 5~9 根，小盾鬃多。翅膜区无毛，少数具顶刚毛；C 脉不超出 R_{4+5}脉，R_{2+3}脉末端接近于 R_1 脉末端，约在 R_1 末端的 1/3 处，FCu 脉远离 R-M 脉；R_{4+5}脉末端接近于 M_{1+2} 脉顶端；腋瓣具较多缘毛。前足胫端生一低而圆鳞状突；中后足具窄而分离的胫栉，各具 2 根胫距；中足第一跗节具毛形感器；爪垫发达，长至少是爪的一半。第九背板后缘形态多变，楔形或圆形，或明显形成侧翼。肛尖细长。上附器长短不一，顶端常具喙状侧突，端部具 2~3 根刚毛，生于凹陷处。下附器退化成叶状突起，有小刚毛。抱器端节与基节愈合，形状多样。

分布　世界各大地理区。

17. 弓形拟摇蚊 *Parachironomus arcuatus*（Goetghebuer，1919）（图 3-26）

Cryptochironomus arcuatus Goetghebuer 1919：66

Parachironomus arcuatus：Brundin，1947：56；Lehmann，1970：135；Wang，2000：645；Wang and Ji，2003：61

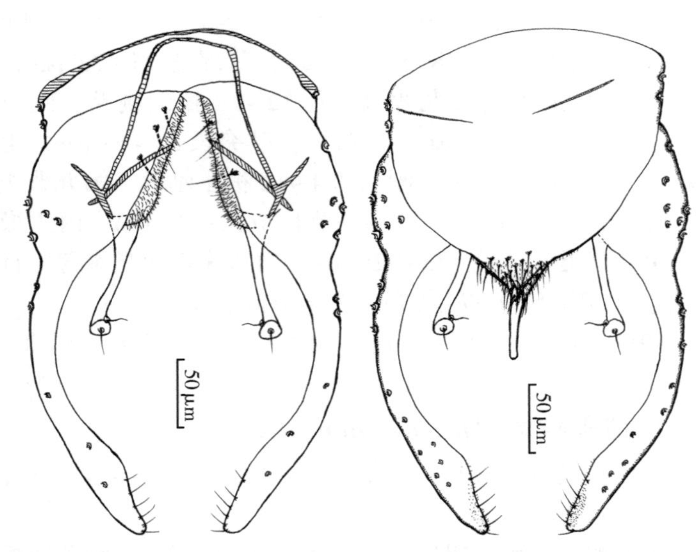

图 3-26 弓形拟摇蚊 *Parachironomus arcuatus*（Goetghebuer）雄性外生殖器

特征 体长 3. 55～4. 48 mm；翅长 1. 73～2. 33 mm；体长/翅长 1. 89～2. 20；翅长/前足腿节长 2. 31～2. 61。体色黄绿色到深棕色，有时深棕色色斑；前足腿节和第一跗节基部 3/4 黄绿色，其余部分深棕色；中后足黄绿色至黑棕色，第四跗节远端和第五跗节深棕色；腹部背板黄绿色到棕色。触角比 2. 22～2. 65，末鞭节长 680～820 μm；无额瘤；颞毛共 14～22 根，含内顶鬃 3～6 根，外顶鬃 5～11 根，眶后鬃 3～6 根；唇基毛 13～26 根；幕骨长 115～137 μm，宽 28～42 μm；下唇须 $5^{th}/3^{rd}$ 1. 45～1. 78。前胸背板鬃 1～7 根，中鬃 5～12 根，背中鬃 9～14 根，翅前鬃 4～8 根，小盾片鬃 12～16 根。翅脉比 1. 09～1. 25；R 脉具 15～25 根小刚毛，R_1 脉具 10～20 根小刚毛，R_{4+5} 脉具 24～29 根小刚毛。臀脉具 2～3 根大刚毛，腋瓣缘毛 8～18 根。前足胫端具 3 根亚顶端长毛，分别长 125～155 μm、125～162 μm、130～170 μm；中足 2 根胫距分别长 18～27 μm、22～32 μm，胫栉 32～42 根，长 8～10 μm；后足 2 根胫距分别长 20～33 μm、25～38 μm，胫栉 42～60 根，长 8～11 μm。中足第一跗节具 9～18 个毛形感器。生殖节第九背板后缘锥形，肛尖基部具 12～24 根刚毛；第九背板具侧刚毛 2～3 根；肛尖细长，长 53～75 μm，两侧几乎平行，向顶端稍尖。肛节背板带“V”形或“U”形，有时中部不愈合；阳茎内突长 53～98 μm，横腹内生殖突长 43～75 μm。上附器长 25～52 μm，圆柱状，内边缘具褶皱，中部稍收缩，顶端具 2 根顶刚毛，不具小刚毛；下附器小叶状，顶端突起较明显，末端稍超出第九背板后边缘，密被小刚毛。抱器基节长 100～125 μm，内边缘具 3～6 根粗壮大刚毛；抱器端节长 168～237 μm，基部稍膨大，中部收缩，内边缘具 20～28 根刚毛。生殖节比 0.47～0.63；生殖节值 1.78～2.19。

分布　中国北京（颐和园）、天津、河北、内蒙古、辽宁、江西、云南；日本，俄罗斯远东；古北区。

18. 单色拟摇蚊 *Parachironomus monochromus*（van der Wulp，1859）（图 3-27）

Chironomus unicolor van der Wulp，1859a：5

Parachironomus monochromus Brundin，1947：55；Lehmann，1970：146；Pinder，1978：130

特征　雄成虫：体长 2.58～3.83 mm；翅长 1.30～1.98 mm；体长/翅长 1.80～1.98；翅长/前足腿节长 2.28～2.57。体色胸黄绿色至深棕色；前足腿节黄绿色至深棕色，胫节和跗节除第一跗节基部 4/5 黄绿色外其余深棕色；中后足除第五跗节深棕色外其余黄绿色至黄棕色；腹部背板黄绿色至深棕色。触角比 1.86～2.27，末鞭节长 540～720 μm；具额瘤或缺失，如具额瘤，锥形，长 15～22 μm，基部宽 12～22 μm；颞毛共 18～22 根，含内顶鬃 5～7 根，外顶鬃 7～8 根，眶后鬃 5～8 根；唇基毛 14～20 根；幕骨长 100～133 μm，宽 18～43 μm；下唇须 $5^{th}/3^{rd}$ 1.21～1.73。前胸背板鬃 2～5 根，中鬃 10～14 根，背中鬃 8～14 根，翅前鬃 4～6 根，小盾片鬃 6～10 根。翅脉比 1.11～1.17；R 脉具 16～27 根小刚毛，R_1 脉具 10～17 根小刚毛，R_{4+5} 脉具 21～29 根小刚毛。臀脉具 2～3 根大刚毛，腋瓣缘毛 7～16 根。前足胫端具 3 根亚顶端长毛；中足 2 根胫距分别长 24～33 μm、28～35 μm，胫栉 30～42 根，长 10～12 μm；后足 2 根胫距分别长 26～33 μm、28～35 μm，胫栉 45～52 根，长 10～13 μm。中足第一跗节具 4～7 个毛形感器。第九背板后缘三角锥形，肛尖基部具 16～30 根刚毛；第九背板具侧刚毛 2～3 根；肛尖长 35～55 μm，向顶端稍变窄。肛节背板带“V”形，中部未愈合；阳茎内突长 60～83 μm，横腹内生殖突长 37～60 μm。上附器稍弯曲，长 70～95 μm，基部宽 13～25 μm，中部较细，宽 6～8 μm，顶端宽 12～17 μm，无明显后侧突，具 1 根顶刚毛和 1 根亚顶端刚毛，毛根具明显凹陷；下附器片状，密被小刚毛，顶端突起不明显，末端未超出第九背板后边缘。抱器基节长 88~118 μm，内边缘具 3~4 根粗壮大刚毛；抱器端节长 158~213 μm，基部 1/3 处弯曲且收缩，远端 1/3 处膨大，内边缘具 4 ~ 7 根刚毛。生殖节比 0.49 ~ 0.68；生殖节值 1.63~2.01。

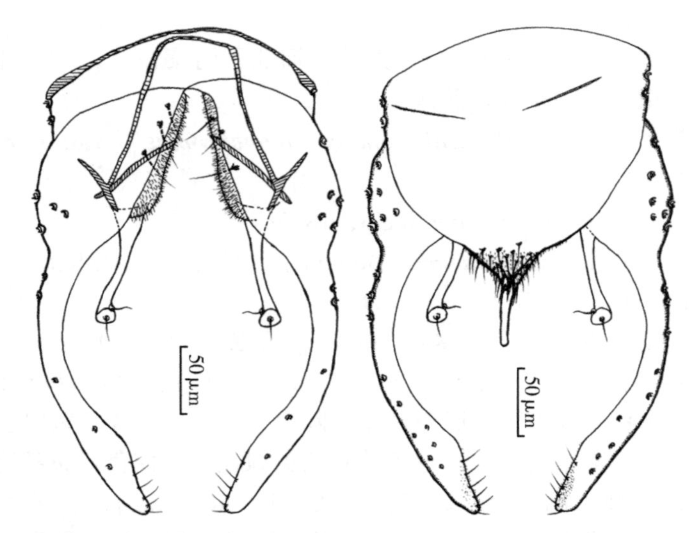

图 3-27　单色拟摇蚊 *Parachironomus monochromus*（van der Wulp）雄性外生殖器

分布　中国北京（颐和园）、天津、河北；俄罗斯远东，日本；古北区。

（十三）二叉摇蚊属 *Dicrotendipes* Kieffer

Dicrotendipes Kieffer, 1913. Bull. Soc. Hist. nat. Metz 28: 23. Type species: *Dicrotendipes pictipennis* Kieffer, 1913

特征　体小至中型，翅长可达 1.3~3.2 mm。触角 11 鞭节，触角比 1.8~4.0，复眼裸露，具两侧平行的背中突；额瘤多存在，小至中等大小，很少缺失；下唇须 5 节，基部一节轻微骨化，感觉棒少，聚集在第三节近端部。前胸背板窄，裸露，中部有缺刻。盾片不超过前胸背板；盾片瘤存在或消失。中鬃如果存在，排成两列，有些种的中鬃缺失或退化；背中鬃 1~3 列，通常 2 列；翅上鬃 1 列，很少 2 列；翅前鬃 2~7 根；小盾片鬃1~3列。翅膜区无毛，有明亮的刻点。臀角通常不明显。C脉不延伸；R_{2+3}脉的端部在R_1和R_{4+5}脉间1/3处；肘脉叉在R-M脉近端。R、R_1和R_{4+5}脉上有刚毛。腋瓣具大量长缘毛。前足胫节无胫距，有圆的鳞状突，跗节有或无须状毛。中后足胫栉排列紧密，每一胫栉有2根长的胫距。伪胫距消失。中足第一跗节有毛形感器，通常在顶端，偶尔占据整个第一跗节，后足跗节有时也有毛形感器。爪垫简单，叶状，与爪等长。腹部背板有均匀分布的刚毛。肛节背板带短，很少到达背板边缘。肛背板中部刚毛少或无，顶端刚毛数量变化多样，有时数量很多，有时无。肛尖变异多，通常伸长，竹片状，有时基部外侧有突出，背侧和基部外侧通常有刚毛。上附器指状、圆柱状、近似三角形或脚状，常顶部膜状，常被微毛，极少光裸，并且端部常具强壮刚毛。中附器只在少数种类（澳洲）存在。下附器发育良好，端部棒状或分为二叉状、三叉状，被覆多或少的强刚毛。抱器端节内弯，内边缘具长刚毛。横腹内生殖突变化多样，中部窄或宽，具圆或方的突出部分。

分布　世界各大地理区。

19. 强壮二叉摇蚊 *Dicrotendipes nervosus*（Staeger，1839）（图3-28）

Chironomus nervosus Staeger，1839：567

Dicrotendipes nervosus Epler，1988：63；Ree and Kim，1981：151；Wang，2000：71

特征　雄成虫：体长3.00~3.97 mm；翅长1.50~2.23 mm；体翅比1.78~2.05；翅长/前足腿节长1.91~2.22。头部、胸部棕黄色；腹部第一节至第五节黄绿色；腿节和胫节浅黄绿色，跗节棕色。触角比1.88~2.60；颞毛共13~24根；唇基毛13~25根；下唇须$5^{th}/3^{rd}$ 1.34~1.7；额瘤长约7.5 μm，宽约5 μm。翅脉比1.06~1.16；臂脉具2根长刚毛；R脉具18~26根刚毛，R_1脉具11~20根，R_{4+5}脉具17~28根；腋瓣具5~11根缘毛。背中鬃6~13根；中鬃9~14根；翅前鬃4~5根；小盾片鬃6~13根。中足跗节第一节有5~9个毛形感器。中足2根胫距分别长15~23 μm、20~25 μm。后足2根胫距分别长20~25 μm、23~28 μm。前足、中足和后足胫节宽分别为50~63 μm、50~68 μm和55~78 μm。生殖节肛尖端部呈梨形膨大，基部生有4~8根侧刚毛，3~4根背部刚毛；上附器细长而略弯曲，长78~105 μm，宽23~35 μm，端部膨大且平截，形成一圆形平面，端部内侧有2~4根小感觉刚毛；下附器长而弯曲，长为143~

188 μm，端部呈结节状膨大，并生有2~3排7~10根粗大的弯刚毛及1根腹部顶端小刚毛；抱器端节细而长，近端部生5~6根刚毛。

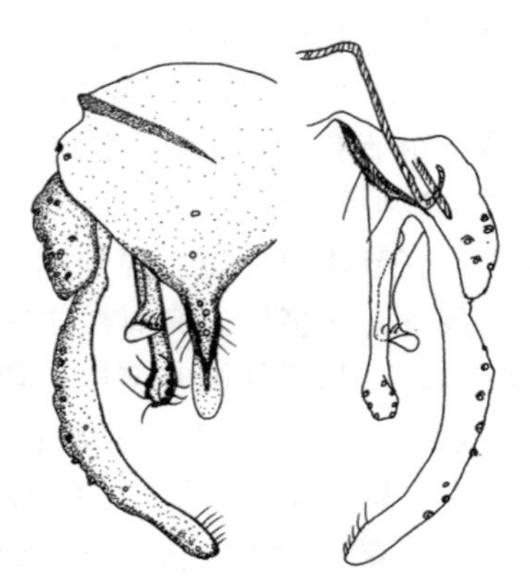

图 3-28　强壮二叉摇蚊 *Dicrotendipes nervosus*（Staeger）雄性外生殖器

分布　中国北京（颐和园）、天津、江西、山东、宁夏；丹麦，新北区。

（十四）摇蚊属 *Chironomus* Meigen

Chironomus Meigen，1803. Mag. Insektenk. Illiger. 2：260. Type species：*Tipula plumose* Linnaeus，1758

特征　体中型到大型。触角11节，触角比远大于2.0；复眼光裸，明显向背中部平行延伸，通常有明显的额瘤（*C. obtusidens* 缺失），下唇须5节，第三节近端部有感觉棒。前胸背板两侧叶在背中部有缺刻但并不分离，盾片未覆盖前胸背板，盾片瘤通常消失，中鬃单列或双列，起点靠近前缘，背中鬃两列至多列，翅前鬃单至双列，小盾片鬃无序至双列。翅膜质部分没有刚毛，有明显刻点，臀叶钝圆至不明显，C脉不延伸，R、R_1、R_{4+5}有刚毛，腋瓣有缘缨。前足胫节有圆形鳞片，无距；跗节有或无毛；中后足胫节具有排列紧密的胫栉，有强壮的胫距，伪胫距缺失，中后足第一跗节前端1/2处具有毛形感器，爪垫简单，叶状，长度为爪的1/2至与爪等长。腹部背板有分散或密集的刚毛。

分布　世界各大地理区。

20. 萨摩亚摇蚊 *Chironomus samoensis* Edwards，1928（图 3-29）

Chironomus samoensis Edwards，1928：67；Tokunaga，1964：567；

Sasa and Yamamoto，1977：312；Wang，2000：643

Chironomus flaviplumus Tokunaga，1940：294

Chironomus eximius Johannsen，1946：193

特征　雄成虫：体长 4.10~7.25 mm；翅长 2.20~3.78 mm；体长/翅长 1.66~2.14；翅长/前足腿节长 1.88~2.34。头部黄棕色，胸部棕色，腹部第二节至第四节有明显的近似卵圆形色斑，足浅黄色，跗节关节处及第五跗节棕色。触角 11 鞭节，触角比 2.71~3.21。颞毛 15~32 根；唇基毛 15~31 根；幕骨长 157~212.5 μm，宽 50~95 μm；下唇须 $5^{th}/3^{rd}$ 1.16~1.50。胸部背中鬃 12~25 根；翅前鬃 4~8 根；小盾片鬃 4~22 根。R 脉具 30~52 根刚毛；R_1 脉具 22~45 根刚毛；R_{4+5} 脉具 24~48 根刚毛。腋瓣缘毛 13~26 根，臂脉毛 1~4 根。前足第一跗节上无长毛，中后足第一跗节至第四跗节端部具有伪胫距，数量少于 3，无规律性；后足腿节和胫节长度相当。生殖节第九背板中部具 3~17 根长刚毛，肛节侧片具 3~9 根刚毛，肛尖中部细；阳茎内突长 140~210 μm，横腹内生殖突长 77.5~137.5 μm。上附器基部宽而平，延伸部分呈靴状，长 77.5~132.5 μm，宽 15~37.5 μm；下附器末端达抱器端节中部，长 125~207.5 μm，具 10~19 根长刚毛，抱器基节长 205~297 μm；抱器端节长 170~257.4 μm。生殖节比 1~1.42；生殖节值 2.30~3.50。

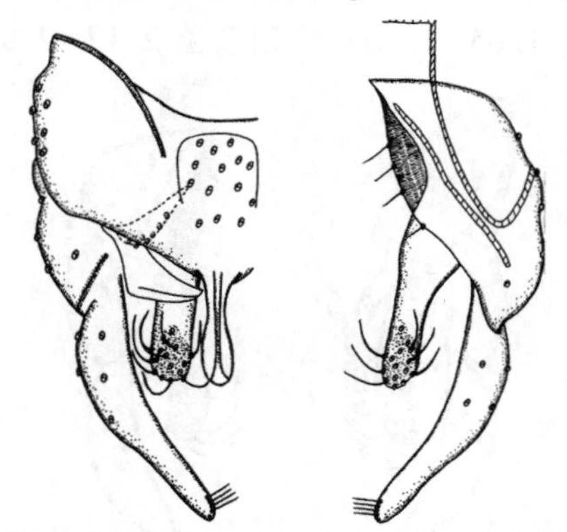

图 3-29　萨摩亚摇蚊 *Chironomus samoensis* Edwards 雄性外生殖器

分布　中国北京（颐和园）、内蒙古、河北、河南、山东、江苏、浙江、江西、福建、台湾、广州、陕西、宁夏、新疆、湖南、云南、贵州、湖北、广西、青海、西藏、四川；南太平洋萨摩亚群岛，汤加，印度尼西亚，日本。

21. 中华摇蚊 *Chironomus sinicus* Wang et Kiknadze，2005（图 3-30）

Chironomus sinicus Wang et Kiknadze，2005：199

特征 雄成虫：体长 7.23~9.13 mm；翅长 3.48~4.90 mm；体长/翅长 1.84~2.08；翅长/前足腿节长 2.51~2.80。头部、胸部黄棕色或棕色，腹部第二节至第四节有明显的纵向近椭圆形色斑（部分个体无斑），足黄棕，跗节关节处及第五跗节棕色。触角 11 鞭节，触角比 4.27~4.86。颞毛 25~45 根；唇基毛 27~49 根；幕骨长 227.5~297 μm，宽 75~120 μm；下唇须 $5^{th}/3^{rd}$ 1.03~1.48。背中鬃 19~41 根；翅前鬃 5~10 根；小盾片鬃 7~41 根。R 脉具 24~37 根刚毛；R_1 脉具 6~24 根刚毛；R_{4+5}脉具 3~16 根刚毛。腋瓣缘毛 9~28 根，臂脉毛 2~4 根。中后足无伪胫距；前足第三跗节、第四跗节长度相当；后足胫节长于腿节；毛形感器较多，中足第一跗节具有 13~33 根，后足第一跗节具有 2~24 根。生殖节第九背板中部 4~18 根长刚毛，肛节侧片具 3~7 根刚毛，肛尖细长，端部膨大，末端圆润；阳茎内突长 192.5~306.9 μm，横腹内生殖突长 112.5~185 μm。上附器延伸部分细长，两侧平行略向内弯曲，末端钩状，长 145~215 μm，宽 25~35 μm；下附器细长，端部向外侧倾斜，长 257.4~346.5 μm，具 25~47 根长刚毛，抱器基节长 356.4~445.5 μm；抱器端节长 287.1~376.2 μm。生殖节比 1.05~1.45；生殖节值 2.17~2.99。

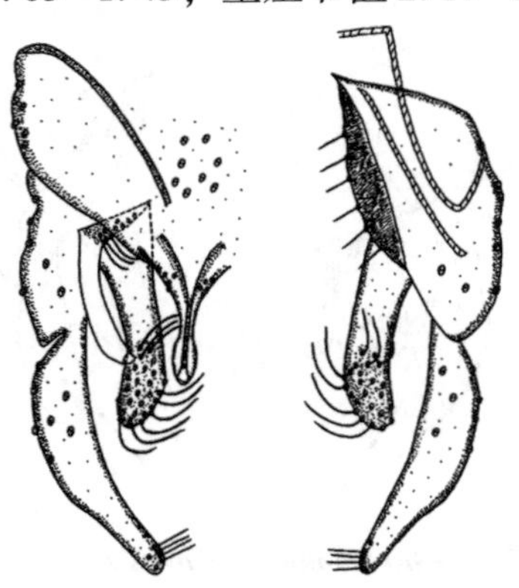

图 3-30 中华摇蚊 *Chironomus sinicus* Wang et Kiknadze 雄性外生殖器

分布 中国北京（颐和园）、内蒙古、河北、天津、宁夏、浙江、福州、广东、云南；欧洲，日本。

第四篇

摇蚊的防治

如前所述，摇蚊幼虫生活在各种类型、各种体量的水体中，有的大如江湖，有的微乎其微，比如浇灌绿地形成的一个个小水洼。摇蚊是种类最多，分布最广，密度和生物量最大的淡水底栖动物类群之一。作为初级消费者，其既可以滤食藻类等浮游植物，又是诸多鱼类的天然饵料，不光在水生生态系统中发挥着不可或缺的作用，也是水质监测的生物指标。然而，从还寒的初春，到瑟瑟的深秋，数量惊人的摇蚊成虫集中羽化，虽然不咬人，但其集群婚飞，扰民现象屡见不鲜，也会污秽建筑物和车辆，妨碍交通安全；而且，摇蚊幼虫体内的血红蛋白是人类重要的变态反应源之一，某些种类还可能携带病原体，引起哮喘、皮炎等疾病，威胁人类健康；另有一些种类也会威胁诸如莲、莼菜等水生植物的生长，危害幼蚌对水产养殖业造成不利影响。

随着全球气候变暖和生物适应性的增强，摇蚊对景观环境和人类健康的影响或将进一步扩大，可能导致越来越多的湿地、风景名胜区、城市绿地、街道受到影响，也必将引起更多管理者和普通市民的关注。北京这座超大规模城市，市辖水体多具有特殊而重要的生态功能，或是饮用水源，或为不可或缺的景观水体，或是市民亲水的良好选择，且各水体所属生态系统中多样性指数高，具有种类丰富的鱼、虾、蟹等水生动物，螺、蚌等底栖动物，以及藻类和水生植物。对于生存于其中的超过经济阈值的摇蚊种群进行生态治理和科学防控，务必要以保护生态环境为原则，先进行本底调查，明确优势种类、发生规律及生态习性，分析区域性、季节性集中大发生的原因，而后采用环境友好型措施，进行精准防控，达到标本兼治的目的。

第七章　国内外摇蚊防治历史及现状

由于摇蚊科昆虫的广布性，全球的天然或人工水体都可能或正在受到摇蚊幼虫的侵扰，国内外学者在过去的近 50 年间持续不断地对摇蚊的防治进行着各项研究。

第一节　摇蚊幼虫的防治

一、化学防治

化学防治指传统意义上的利用化学制剂防治摇蚊幼虫。

20 世纪 70 年代英国曾用除虫菊酯杀灭给水处理系统中出现的摇蚊幼虫，除虫菊酯当时被认为是无毒无害的杀虫剂，但 90 年代之后研究发现除虫菊酯对人的神经系统有一定的损伤。1987 年美国印地安纳州某市供水系统发生了一种名为哥氏拟长跗摇蚊（*Paratanytarsus grimmii*）污染，这种摇蚊行孤雌生殖，通过干扰其交配或羽化行为来治理的常用方法对其无效，后采用了 2 种水处理可用添加剂 Catfloc Ls 食品级聚合物和净水消毒剂过氧化氢，作为幼虫的杀虫剂的替代物，结果表明连续添加 Catfloc Ls 5 d 能有效治理该种摇蚊。

近些年来，国内外学者一直致力于研究用能够破坏摇蚊幼虫体内蛋白酶的化学药剂对其进行灭活，此类药剂主要包括含氯和氧化制剂，如二氧化氯、液氯、氯、次氯酸钠、臭氧、过氧化氢、高锰酸钾、石灰水等，这些均能不同程度地杀灭摇蚊幼虫。浓度为 35%的过氧化氢溶液进行针对摇蚊幼虫的短期和长期杀灭实验，得出了短期 LC_{50} 为 112 mg/L，长期 LC_{50}为 51 mg/L。研究表明，臭氧的氧化能力最高，但臭氧在水中的分解速度过快，以至于作用无法长时间保持，所以臭氧不适于灭活摇蚊幼虫。

过氧化氯的氧化能力虽不如臭氧，但总体的杀虫效果最佳。通过对过氧化氢、次氯酸钠、石灰水和高锰酸钾这4种化学药剂的杀虫效果的研究，发现5%的过氧化氢杀灭摇蚊幼虫的效果最好，次氯酸钠效果次之，而石灰水和高锰酸钾的效果则不是很好。

周令等（2003）进行了上述药物的定量试验，提出二氧化氯10 mg/L、液氯50 mg/L、过氧化氢300 mg/L、臭氧10 mg/L都能较短时间杀灭摇蚊幼虫。液氯是水处理工艺中最常用的化学氧化剂，但是摇蚊幼虫的生物体对不良环境会产生一定的抗性，若连续提高投氯量会使摇蚊幼虫对氯产生较强的抗性。深圳市水务集团公司通过运用液氯浸泡沉淀池以此控制摇蚊幼虫的发生，但此种方法只适合于在摇蚊幼虫大规模爆发时。卢靖华则发现采用间歇性加氯法对杀灭摇蚊幼虫很有效（卢靖华，2001）。杨健等（2005）研制成功以维生素K3为主要成分的5种新型生物杀虫剂MPB（哌嗪甲萘醌亚硫酸盐）、MTB（三氨基三嗪甲萘醌亚硫酸盐）、ME（环氧甲萘醌）、MSB（亚硫酸氢钠甲萘醌）、MQ（2-甲基-1,4-萘醌），其对4龄幼虫的杀灭试验结果显示，MQ药物最佳，MTB次之。针对城市尚未清理的小型水体中的摇蚊幼虫可辅助使用双硫磷灭蚊幼的砂粒缓释剂，在外环境的水体中按56~112 g/hm^2 使用具有15~20 d滞效期，世界卫生组织划定风险等级为“U”级（在一般使用中不会出现明显危害性）。此外，除虫脲、烯虫酯都属昆虫生长调节剂，使用剂量为25~100 g/hm^2 和20~40 g/hm^2，世界卫生组织划定风险等级为“U”级，在吸血蚊幼虫防治中有良好效果，在对摇蚊幼虫防治中可参考使用。

二、物理防治

物理防治是针对有害生物侵染循环或生活史中的薄弱环节，利用简单工具和各种物理因素，如光、热、电、湿度和声波等进行防治的措施。这类方法具有简便、易行、经济有效、对环境无污染等优点。

（一）强光照射

代田昭彦（1998）指出，摇蚊产卵大体与成虫形成蚊柱的时间一致，光强在300 lx以上摇蚊就不再产卵。400 W橘黄色探照灯较为合适，该光源光束集中，穿透力强。当光强超过300 lx时，光照能从很大程度上抑制摇蚊产卵，但还不能彻底根除。

（二）滤料阻挡

采用如无烟煤块、石英砂和磁铁矿组成的多层滤料的阻挡方法，阻止供水源头中的摇蚊幼虫随供水渠道进入水厂，这种方法自 20 世纪初在国内外的水厂被应用，已列为水处理工艺的重要规程。主要分为以下两种。①采用多层滤料，缩小滤料的粒径：如用无烟煤、石英砂和磁铁矿组成的多层滤料，经水力筛分后，下层的磁铁矿砂的最小孔径为 40 μm，可以截留虫卵及刚孵化的摇蚊幼虫。②超滤技术：可去除细菌甚至更小的物质，可对摇蚊幼虫及其卵形成完全的屏障。

（三）超声波处理

卢靖华和周广宇（2003）研究了超声波对大龄摇蚊幼虫的杀灭效果，发现杀灭率随着溶解氧浓度的提高和超声波幅射时间的延长而上升；而且超声波与二氧化氯、液氯之间存在着明显的协同增效效应，且液氯的效果要优于二氧化氯，这可能与大龄摇蚊幼虫身体构造有关。还有研究发现超声波对摇蚊幼虫、蛹和卵块都有一定的致死作用。用 28 kHz 的超声波作用 15 s 以上，对摇蚊幼虫的致死率在 90%左右。用 45 kHz 的超声波作用 30 s 以上，也可以达到对摇蚊幼虫 90%左右的致死率。100 kHz 的超声波对摇蚊幼虫的致死率却很低，但对蛹的致死率比较高。由于超声波技术在实际应用中存在一定的难度，所以该方法只能作为一种辅助手段来使用。

（四）保持水体流动与清洁

对城市中天然水体如河流、小溪、湖泊、池塘，主要是保持水源流动、岸边无杂草丛生、水面无漂浮垃圾和异物，减少摇蚊成虫的产卵；城市中的人工水体如各类景观水池、儿童戏水池、游泳池等水体，保持水体清洁、定期换水；高层住宅的二次供水水箱要严密加盖，防止摇蚊产卵，定期清洗蓄水池壁，保持池内清洁；对各处的阴沟、暗沟要保持水流通畅，对各类明沟均应加盖。

三、生物防治

这里是指利用有益生物或它们的代谢产物来控制和杀灭摇蚊幼虫的一种防治方法。生物防治对人类、植物及环境都很安全，是有害生物防治时应优先考虑的方法。

（一）微生物防治

利用微生物防治害虫是生物防治的一个重要组成部分。特定微生物能直接杀死害虫而不污染环境。

1. 苏云金杆菌以色列亚种（Bti）

20 世纪 70 年代，苏云金杆菌以色列亚种（*Bacillus thuringiensis* subsp. *israelnsis*，Bti）诞生，其作为一种病原细菌生物杀虫剂，杀虫作用主要依赖于孢子的形成期间产生的一种伴孢晶体——苏云金杆菌-δ 内毒素，这种伴孢晶体由杀虫晶体蛋白（ICPs）组成，其能在害虫碱性的中肠内分解成为有杀虫活性的稳定毒性肽，侵蚀肠壁细胞组织，破坏肠道内膜，并进入血淋巴组织，使害虫因饥饿和出现败血症而死亡。组织病理学已证明，ICPs 是作用于昆虫中肠上皮细胞的细胞膜，而非直接作用于细胞器。Bti 还能够表达出几丁质酶，致害虫死亡，但对不蜕皮的人类、鱼类等脊椎动物以及河蚌等双壳类软体动物等安全无害，对环境和其他生物种群均具有良好的安全性。

Bti 对蚊科昆虫具有特异性毒力，至今仍被广泛应用于吸血性蚊科昆虫幼虫的防治。但在 1987 年，美国洛厄尔城发生了城市供水系统摇蚊幼虫污染，学者曾提出用 Bti 来治理，提案被印第安那州政府否决，因为 Bti 尚未被批准应用在饮用水中，且当时的相关法律并不允许在饮用水中投入杀虫剂。在澳大利亚新南威尔士州，90%的稻田秧苗受到摇蚊幼虫破坏。针对这一问题，1998 年 Stevens 等发现氟虫腈相对于有机磷杀虫剂具有更强的毒性效果，对 4 龄幼虫的 LC_{50} 为 0.43 mg/L；而 Bti 对 4 龄幼虫的 LC_{50} 为 0.46 mg/L（48 h），他们还研究了 Bti 的晶体毒素蛋白对摇蚊幼虫的毒性效果。

2003 年后，Bti 的生产工艺大为改进，杀蚊活性和持效性显著提高，其对人体等哺乳动物安全无害，高效安全、易于分解、低残留、与环境相容，被世界卫生组织（WHO）推荐为饮用水中蚊虫的杀灭剂。灭蚊剂也在经历了矿物油、植物粉和化学杀虫剂之后，发展到了微生物阶段。雷萍等（2005）测定了 Bti 对 4 个龄期摇蚊幼虫的毒效，结果表明 Bti 对 1 龄、2 龄、3 龄、4 龄幼虫的 LC_{50}（24 h）分别为 8.2 mg/L、15.2 mg/L、24.7 mg/L、38.6 mg/L，龄期越小对 Bti 的敏感性越高。吴松青 2014 年从 Bti 的毒理、宿主对其侵染的应答机制以及 Bti 的增效培养入手，为开发 Bti 增效剂提供了有效的筛选靶标，并为通过调控昆虫解毒酶活性来提高

Bti 杀虫活性提供了理论基础，同时也为有针对性地改造和开发廉价高效生物灭蚊剂提供了科学依据。

随后，在大规模的应用中，发现常规剂型如粉剂和水悬浮剂，在防治蚊类幼虫时持效期短，仅为 7 d 左右，而蚊类幼虫在适宜的温度和环境条件下，完成一个发育周期通常也只需要 7 d，故若只喷一次药，蚊类幼虫数量经短期减少后会又恢复到原来的密度水平。Bti 的主要活性物质是晶体蛋白，水悬浮剂投入水体后不能迅速有效地沉入水底，并作用于在底泥中营筑巢生活的摇蚊幼虫，影响了药效发挥。为克服 Bti 实际应用的局限性，国内外积极开展新剂型的研究，从单一的水悬浮剂和粉剂发展到水分散粒剂、片剂和颗粒剂等多种剂型，提高了 Bti 的作用效果和环境稳定性。其中，颗粒剂具有较高的防治效果，显著增强了 Bti 的稳定性，野外应用 20 d 防治效果仍维持在 51. 6%~75. 7%，延长了持效期。而且颗粒剂使用方便，制剂成本低，原材料无化学污染，是一种行之有效的提高 Bti 性能、促进推广的剂型。

2. 多杀菌素

多杀菌素（spinosad）是放线菌刺糖多孢菌（*Saccharopolyspora spinosa*）中产生的一种聚酮化合物衍生的大环内酯类化合物，目前已被开发为一种广谱且高效的杀虫剂，对非靶标昆虫和哺乳动物无毒性。邓鑫等（2015）研究了沉积物中多杀菌素对 *Chironomus tepperi* 完整生命周期的慢性毒性效应。结果表明，幼虫的生长速率和雌性幼虫羽化用时与多杀菌素浓度呈正相关，幼虫的羽化率及存活率与多杀菌素浓度呈负相关，而雄性幼虫羽化用时以及成虫雌雄比与多杀菌素浓度不相关；沉积物中多杀菌素对摇蚊卵筏产量无显著影响，而对各卵筏中摇蚊卵数量及孵化出的 1 龄摇蚊幼虫数量存在显著影响，原因是摇蚊卵受到来自母体的卵黄膜和绒毛膜的保护，导致其具有高耐毒性，多杀霉素水溶性特征导致其对卵黄膜无破坏性。1 龄摇蚊幼虫作为摇蚊整个生长周期最脆弱的阶段受到污染物的影响最大，原因在于摇蚊卵孵化后丧失了卵黄膜的保护，受到多杀霉素的污染而死亡。

3. 其他微生物制剂

董艳等（2018）研制了一种针对摇蚊的微生物杀虫剂，在成分和剂型上具有一定程度的创新，添加了植物源增效助剂，能破坏摇蚊幼虫肠道结构，增强微生物杀虫剂有效成分对摇蚊幼虫的活性，提高防治效果。同时该制剂依托纯天然多孔载体能够快速沉降和缓释，针对底栖生活的摇蚊幼虫具有较强靶向性，使用方便，制剂成本低，原材料无化学污染，是一种行之有效的提高微生物性能、适合推广的剂型。该药剂在摇蚊幼虫期使用，通常喷施或撒施于摇蚊种群较为集中的 1.5 m 及以下深度的浅水水域，持效期 15 d 左右。该药剂对环境友好，对水体和其他生物无任何不良影响。在漳泽湖国家城市湿地公园等区域应用过程中，幼虫防控效果可达 80%以上。

（二）生物操纵技术

生物操纵技术由 Shapiro 在 1999 年提出，它的基本概念是利用调整水体生态系统中的生物群落结构来控制水质；其主要原理是调整鱼群结构，达到改善水质的目的，是“生物食物链”理论的延伸。摇蚊幼虫（红虫）是鲤、鲫、鲑、鲮等 18 科鱼类的良好天然饵料，柳条鱼、网斑花鳉、斗鱼、青鱼等都是摇蚊幼虫的优势天敌，可吞食水体中的各类生物幼虫。柳条鱼适宜在人工景观水池中饲养，在水温 5~40℃均能生活，繁殖力强，每年 4—10 月为繁殖季节，每隔 30~40 d 产仔 1 次，每次胎产 30~50 条，每尾雌鱼每年能产 200~300 条，每条鱼一昼夜可吞食摇蚊幼虫 40~100 只，最多时甚至超过 200 只。周令等（2003）在原水加氯情况下的沉淀池放养鱼苗结果显示，余氯浓度低于 1 mg/L 时，不影响鱼类生长，鱼类没有出现异常症状；鱼喜食摇蚊幼虫，特别是老龄摇蚊幼虫，有利于灭蚊和控制摇蚊幼虫数量；几种鱼类配合放养，使鱼在沉淀池中呈立体分布有利于消灭不同生活习性的各发育阶段的摇蚊幼虫。在以摇蚊幼虫为代表的底栖动物的生物操控技术中，孙兴滨等研究发现，可通过增加草鱼等植食性鱼类和鲫鱼、鲤鱼等杂食性鱼类，适当减少以鲢、鳙为代表的滤食性鱼种，来实现从捕食压力、生存空间、营养物质等多方面因素的综合调控从而有效的控制摇蚊幼虫种群增长。于洪贤等（2005）研究发现，向黑龙江东胡水库中散放养殖 1 500 kg 河蟹，密度为 122 只/hm^2 时河蟹对摇蚊幼虫影响显著。此种方法避免了北方冬天寒冷时鱼类无法安全越冬而影响以鱼类控制摇蚊幼虫污染的缺点。

应用生物操纵技术对近自然大型水体进行治理，已在武汉东湖等地获得成功。对河流、湖泊等天然大型水体采用生物操纵技术，是从源头上减少摇蚊幼虫的关键技术，但该技术的实施离不开相关职能部门和广大市民的共同努力。

第二节　摇蚊成虫的防治

由于摇蚊的成虫期短暂，以降低虫口密度为目的的防治工作重心还应放在幼虫期，成虫阶段的各项防治措施可作为辅助。

一、高频防治

2008年北京第29届国际奥林匹克运动会的近30所运动场馆、2010年广州亚运会、2011年深圳世界大学生运动会的各大场馆，为保证在赛事期间不会有运动员被“蚊虫叮咬”的投诉，病媒生物的防治工作慎之又慎，在赛事前期加倍地消灭防治，保证了在赛事期间的生物安全，甚至在夜间比赛时强烈的照明灯光中几乎看不到飞虫。2021年建党百年天安门广场庆祝大会现场，北京市疾病预防控制中心相关部门的蚊虫诱捕装置也参与了应急保障。高频率的防治获得短暂的效果，在特定事件中可行，但对日常防治需另换思路。

二、灯光诱杀

灯光诱杀摇蚊成虫是目前已被证实的行之有效的物理防治措施，是一种以减少种群数量为目标的防治手段。灯光诱杀具有方法成熟、简单安全、效果直观、绿色环保，长期使用不需经常维护等特点，已广泛使用在田间、林间、果园等环境中，但只能适当的减少摇蚊幼虫种群的增长，无法从源头进行控制其污染的发生。

诱虫灯可根据不同“虫害”设计特异性的波长，例如蚊类对波长253.7 nm的光源、蝇类对波长265~365 nm的日光灯和紫外线灯有很强的趋向性。研究发现相比光源强度，光源波长对诱杀作用影响更大。还证明了不同颜色的光对红裸须摇蚊的诱杀作用不同，紫外光最有效，其次依次是绿光、白光、蓝光、琥珀色和红光。有研究发现摇蚊对470 nm的蓝色光源和580 nm的黄色光源具有较大的趋光性，可以有针对性地选择这两个波段的杀虫灯进行诱杀。还可根据不同的捕杀方式选择杀虫灯，比如低电流、高电压（3 000~4 500 V）的电击式诱虫灯、利用空气流动吸力的吸捕式诱虫灯、利用粘胶膜粘捕飞虫的粘捕式诱虫灯等。另外，根据不同的电源配置情况，有各种功率的直流电、交流电和太阳能灯可供选择。

由于诱虫灯的效力范围有限，为使诱虫效果最大化，在布放时应综合考虑地点、密度和高度等因素。

一是在有水域的景区布放：诱虫灯应沿水域距岸边的 200 m 内设置，灯间距 50 m，灯距地面高度 2 m 为宜。若水域区的诱虫灯仅为防治摇蚊，可在当地摇蚊繁殖高峰季节前后 10 d 左右启闭；如兼作他用，可接路灯电源，与路灯同时启闭；如用太阳能电源，可任意调节灯光的启闭程序。

二是在各类工业园区，尤其是医药、食品、精密仪器、喷漆工业园内，诱虫灯距生产车间门、窗大于 50 m，灯间距 50 m，灯距地面高度 1.2~1.5 m 为宜。启闭时间同前。

三是在近自然水体附近的医院、学校、幼儿园、企事业单位办公区、居民社区等地，诱虫灯的布放应近人群环境，顾及周边景观，灯间距 50 m，距地面高度 2 m 为宜。

三、诱集性矿物源引诱剂诱杀

由于摇蚊飞行能力较强，传统防治以滞留喷洒为主，药剂很难直接作用于虫体，不仅防控效果不理想，而且滞留喷洒的药物以菊酯类化学药剂为主，药液的逸散、流失还会影响环境。诱集性杀虫剂通常作为卫生害虫饵剂被广泛使用，如杀蝇、杀蟑类药剂，可以吸引害虫取食或停落，进而达到防控效果。董艳等研制了一种对摇蚊具有引诱作用的矿物源杀虫剂，通过添加纯天然制取的引诱成分，吸引摇蚊停落、取食，能够触杀、绝育摇蚊成虫，大幅增强防控效果。该药剂在摇蚊成虫期使用，通常喷施于摇蚊集中停落的水岸边的草丛、灌丛、树木、建筑等表面，非降雨天气下持效期 7~15 d。该药剂靶性强，对环境友好，对水体和其他生物无任何不良影响。在漳泽湖国家城市湿地公园等区域应用过程中，取得了摇蚊种群密度下降 84.9%的防控效果，施药后成蚊密度连续下降天数可达 9~11 d，通过对防控前、中、后期成蚊密度数据进行显著性分析，可知防控后成蚊密度呈显著性下降。该药剂解决了传统化学药剂针对摇蚊防控效果不佳、对周边生态环境影响大、滞留喷洒后菊酯类药剂味道对摇蚊出现负趋性，使摇蚊扩散到周边区域等问题。

目前我国摇蚊防控技术尚不成熟，存在着一些误区，如使用常规药剂灭杀摇蚊幼虫，往往会因为药剂靶性不强，误杀其他生物，造成生态污染，食物链断裂。综合目前国内外的各项研究成果，无论针对成虫还是幼虫，单凭某一种物理、化学或生物的防治方法不可能对城市水体中摇蚊的孳生进行卓有成效的控制，必须因地制宜形成一整套系统化、多元化的防治方案，多措并举针对不同时期摇蚊的不同虫态进行综合防治才是将摇蚊种群控制在经济阈值之下的正确举措。

第八章　颐和园摇蚊绿色防控

在颐和园，摇蚊虫口数量自2006年起逐渐增多，2009年以后时有扰民事件发生，会给早春前来踏青的游客带来些许不便。作为这里的工作人员，我们感同身受。但如您所知，颐和园1998年被联合国教科文组织列入《世界遗产名录》，2016年被公布为北京市第一批市级湿地，位于园内西部的团城湖属一级水源保护区。园区在园林有害生物治理方面有着严格的要求，水源地周边更是严格执行《颐和园水源保护地植物病虫灾害控制技术方案》。我们在防控扰民昆虫的同时，绝不能以牺牲生态环境为代价，我们始终以“护首都一方净水、保民众身体健康”为己任，颐和园大力推广使用生物、物理和无公害防治措施，标本兼治，将摇蚊对游览环境的不利影响降至最低，致力于让穿梭于桃红柳绿间的您不再遮面掩耳，能够从容漫步，欣赏“暖气飞轻蠓，春波集野鸥”的美景。

经过十余年的摸索和努力，特别是近年来的立项研究，颐和园正在逐步构建摇蚊绿色防控体系。我们依据园内常见摇蚊的生态学、生物学测定及综合治理措施评价实验开展工作，明确了园内摇蚊种类，对春季扰民的优势种——齿突水摇蚊的生态习性进行了研究，总结了环境因素对摇蚊大量发生的影响，分析了优势种群区域性集中爆发的主要原因（彩图2、彩图3）；通过室内和实地的生物测定，对防治幼虫和成虫的生物制剂进行了效果评价；2018年的3月1日至2019年的6月1日在颐和园西堤、西区中路采取以生物防控为主、物理防控为辅的综合防控措施，覆盖面积约74亩（1亩≈667 m^2），达到了0.5 m深水域摇蚊幼虫防控率95.4%、成虫防控率94.8%，1.5 m深水域摇蚊幼虫防控率94.7%、成虫防控率95.2%的良好防控效果，有效控制了该区域齿突水摇蚊的种群数量和虫口密度，降低了摇蚊对景观环境和游客游览的影响，起到了推广和示范作用。

颐和园在防控摇蚊的道路上不辍前行，我们正在尝试应用RNA干扰

（RNA interference，RNAi）技术利用基因调控对摇蚊幼虫进行靶向防治，并不断探索可应用于都市园林、城市湿地的成虫引诱措施。相信在不久的将来，颐和园摇蚊及其他园林有害生物绿色防控体系将建成并稳定运行，收获良好的生态效益、环境效益和社会效益。

第一节　颐和园摇蚊防治重点

一、以摇蚊生长发育不同阶段对环境的影响为重点

在颐和园内，我们根据摇蚊的生活史，在成虫阶段和幼虫阶段采取不同的监测措施。成虫期选取有代表性的地区布设样线，以灯光监测为主，辅以色板监测，可以在重点水域设置漂浮成虫监测器；幼虫阶段布设样点，调查底泥中摇蚊的分布情况和种群密度。将监测调查结果按发生地点和发生量以“+、++、+++、++++”形式分级记录，以便采取不同的防治策略。

二、以摇蚊季节消长高峰时期对环境的影响为重点

在颐和园，齿突水摇蚊是春季的绝对优势种。每年3月上旬，其会暴发式集中出蛰，羽化高峰一般会出现在3月5~8日，随之而来的大规模集群婚飞造成了扰民现象。据停落试验显示，高峰期齿突水摇蚊在5 min内可在全身停落约320只，足见其密度之大，在园内必然会给游客带来极大困扰。根据齿突水摇蚊的生物学特性，在前一年的初冬和当年湖面刚刚化冻后集中进行2次绿色防控，以降低虫口密度，减轻其对游客游览的影响。

三、以摇蚊孳生场所对游览环境影响为重点

3月上旬的西堤正如200多年前清高宗乾隆所描述的那样——“已看绿柳风前舞，恰喜红桃雨后开”，这番“柳丝桃朵”“桃红柳绿”至今仍是市民春季赏花的不二选择。可是，齿突水摇蚊羽化高峰的物候期恰为山桃初花时，在西堤六桥的南段，由于该区域生境适合，为摇蚊幼虫的孳生创造了有利条件，加之这一路段本就相对狭窄，游人密集，摇蚊在此区域

的婚飞非常影响游览体验。因此，我们对这一区域进行了重点治理，从保护生态的角度出发，综合采用多种防治措施，多管齐下、绿色防控，以保护重点游览区域免受摇蚊影响。

第二节　颐和园摇蚊绿色防控措施

一、持续加强监测，掌握种群变化

（一）调查采样及物种鉴定

调查采样并对优势种进行鉴定，是摸清摇蚊发生规律及后续采取防治措施的先决条件。在园内设置 5 个采样点（图 4–1），3～11 月每月幼虫采样 2 次。每周扫网并收集黑光灯和成虫监测器内的标本。

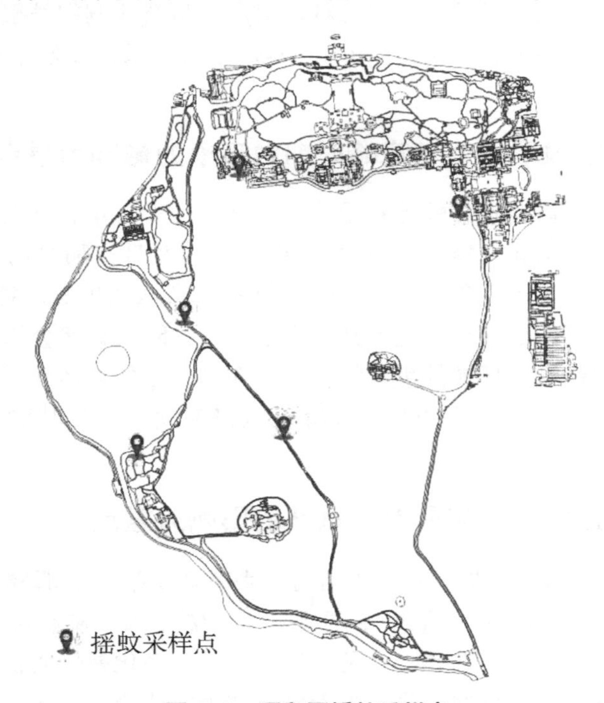

图 4–1　颐和园摇蚊采样点

1. 调查采样

（1）幼虫采集

样点分别进行浅水采样和深水采样两种采样方法。浅水采样选择在不超过0.5 m深的水域中，用“D”形底栖生物采集网采样，底泥用采样勺或清淤铲收集。深水采样选择在约1.5 m深处的水域，沉入彼得逊采泥器收集底泥。底泥用特定孔目筛网配合白色瓷盘过滤洗涤（彩图4），人工分拣出齿突水摇蚊幼虫计数，随后将其放入75%乙醇中固定。在实验室中将标本分拣至尽可能低的分类单元。

（2）蛹皮采集

用特制抄网（杆长约3 m）在水面做“S”形扫动，最后冲洗扫网布至大号白瓷盘中挑拣，所得标本使用75%乙醇保存。

（3）成虫采集

每周每个样点随机扫网10次做为一个样本，收集黑光灯和内摇蚊标本，将所得样本放入75%乙醇保存。每个样点分别设置定点成虫监测器，和漂浮成虫监测器，定点成虫监测器设置于不超过0.5 m深的浅水区域，漂浮成虫监测器设置在1.5 m深的水域（彩图5）。每个样点另设置光诱捕蚊器1处，在夜间对摇蚊进行监测。

2. 物种鉴定

将所得摇蚊幼虫、蛹期蜕皮和成虫样本制成玻片，利用电子显微镜观察其形态学特征。制片方法参照Sæther（1969）、唐红渠（2006）和刘文彬（2017），研究形态学术语及测量标准参照Sæther（1980）。根据形态学特征的对比，依据幼虫头壳触角和口器各部分（背颏、腹颏、唇舌、上颚、前上颚和上唇）结构，加上蛹期蜕皮触角和背板特征；另据成虫头部、翅脉、生殖节背板特征，特别是第Ⅸ背板中央向后突起，形成尖角，常常似肛尖，被毛；抱器端节靠端部具一齿状或指状突特征，鉴定出摇蚊科昆虫在颐和园的优势种为齿突水摇蚊（*Hydrobaenus dentistylus* Moubayed，1985），该种生殖节变异巨大。

（二）摸清优势种生活习性

齿突水摇蚊成虫婚飞，婚飞群可由20~200只雄成虫组成，雌雄可边飞行边交尾，亦可停栖交尾；趋光性强；对二氧化碳、温度和汗水十分敏感，能在一定的距离内感知到恒温的哺乳动物；口器的退化，几乎不进食，只能存活2 d左右。幼虫水生，生活于冷水，特别是流水中，共4

龄，约 60 d 完成一代；与流水环境相适应的形态特征是它们的身体细长，后原足发达；1 龄期较短，营自由生活，2～4 龄潜入水底，营巢定居生活；摄食方式为集食和滤食：直突摇蚊亚科主要是集食栖息地所在处的石头或植物茎、叶表面上附着或沉积的藻类和其他有机微粒，筑巢实际上是摄食行为之一，以方便滤食；幼虫体壁呼吸，体内为封闭式气管系统，依靠血红蛋白这种“呼吸色素”来吸收氧气。

（三）明确优势种摇蚊在颐和园的发生规律

摸清齿突水摇蚊的发生规律使得绿色防控有据可依，防治精准性大幅提高。

1. 齿突水摇蚊成虫发生规律

齿突水摇蚊在颐和园一年发生 5 代左右，成虫出蛰时间非常早，全年有两个羽化高峰，集中在仲春和暮秋。每年 3 月上旬成虫集中羽化，3 月中旬至 4 月初为羽化高峰期。3 月中下旬为产卵高峰期，卵多产在深水区域，产卵后成虫数量逐渐减少。4 月下旬到 6 月中旬以后，成虫分散栖息在芦苇、草丛中间，密度较小。10 月中旬后成虫再次集中羽化，10 月底至 11 月中旬，进入第二个羽化高峰期，其虫口密度小于春季，发生趋势如图 4-2、图 4-3 所示。齿突水摇蚊成虫多活动于浅水区域和草丛、芦苇中，深水区域较少。

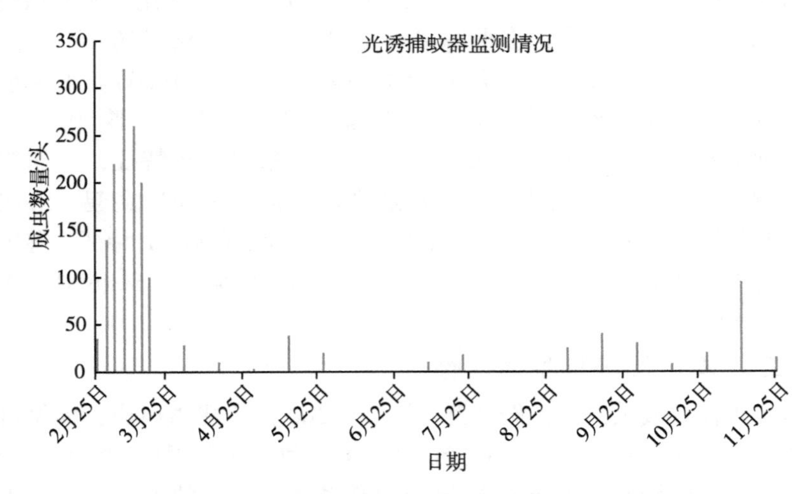

图 4-2　齿突水摇蚊成虫发生趋势（光诱捕蚊器法）

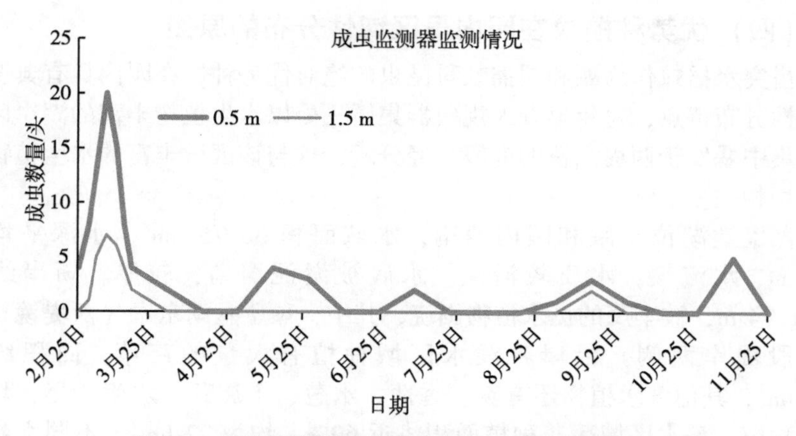

图 4-3　齿突水摇蚊成虫发生趋势（成虫监测器法）

2. 齿突水摇蚊幼虫发生规律

每年 2 月底至 3 月初，越冬幼虫开始从深水区域向浅水区域活动，随后即化蛹羽化。根据采样情况绘制出幼虫发生规律趋势图（图 4-4），由图可见，3 月上旬至 4 月下旬期间幼虫数量逐渐减少。5 月下旬至 8 月下旬幼虫数量再次逐渐增多，主要在深水区域内生活取食。9 月中旬有部分幼虫返回浅水区域准备羽化。10 月下旬起齿突水摇蚊幼虫基本集中在深水区域准备越冬。

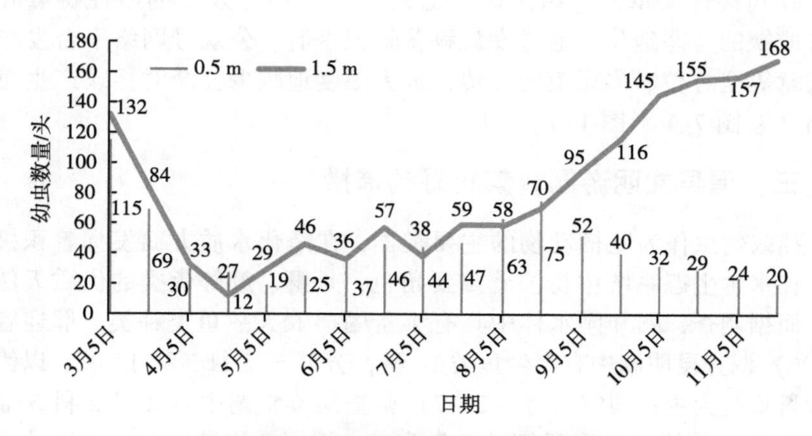

图 4-4　齿突水摇蚊幼虫发生趋势图

（四）优势种摇蚊在园内呈区域性分布的原因

齿突水摇蚊作为颐和园摇蚊科昆虫的绝对优势种，在园内具有典型的区域性分布特点，每年早春大规模群集婚飞处以水生植物丰富的湖岸区为主，集中暴发于西堤六桥的南段。经分析，这与该区域丰富的水生植物配植密切相关。

藻鉴堂湖位于颐和园内西南，水域面积 36.76 hm^2，水深平均为 1.25 m，水流缓，水质较清澈。水底被淤泥覆盖，较厚。湖岸线长 3 581.74 m，被丰茂的挺水植物围绕，其中，藻鉴堂湖东岸（西堤镜桥至柳桥段堤岸西侧）沿岸带浅水区域种植有大量的芦苇，面积约为 0.3 hm^2，其他滨水植物还有荻、香蒲、水葱、千屈菜、水生鸢尾，均属零星种植；深水区域荷花种植面积将近 60%，约为 22 hm^2。不同水生植物的根系交织在一起，造成底泥疏松多孔，利于摇蚊幼虫筑巢。同时也为摇蚊幼虫的水生生活提供了更多的氧气和食物，并为成虫提供了良好的栖息环境（彩图 6）。

二、加大宣传力度，减少公众恐慌

在摇蚊成虫羽化婚飞的高峰期，于园内虫口密度集中的区域设立专题展板、设置宣传展台，耐心解答游客有关问题，并向过往游客分发关于摇蚊的自制主题宣传折页；同期，在各科普平台、公众号发布温馨提示，并刊科普文章，介绍摇蚊“追人”但“不叮人”的习性特点和其不可或缺的生态地位。通过发放科普知识手册、公众号网络平台发布科普文章等全方位、多渠道的宣传，最大限度地减少公众对摇蚊产生恐慌情绪（彩图 7 至彩图 11）。

三、倡导文明游园，禁止野钓捕捞

摇蚊幼虫作为底栖动物的主要类群，在净化水质方面发挥着积极作用，在水生生态系统中扮演着重要角色，是鲫、鲤等鱼类的优质天然饵料。而据调查，颐和园水体中具有丰富的摇蚊天敌鱼类种类。邢迎春等（2006）调查昆明湖中有野生鱼类 14 种，分属于 3 目 7 科 13 属，以鲤形目鲤科鱼类为主；闫宝兴等（2017）调查藻鉴堂湖中有 2 目 2 科 5 亚科 10 种鱼类，同样以鲤形目鲤科鱼类为主。根据食物链原理，若天敌鱼类大量减少，势必会造成摇蚊幼虫种群密度和虫口数量超出经济阈值而暴发成灾，从而加剧成虫婚飞扰民程度，造成恶性循环。通过生物操控技术科学防控摇蚊，需要全社会、多部门的共同参与，合理保护和科学投放天敌鱼类，更需要广大游客的理解、支持与配合，自觉抵制野钓捕捞，齐心协力共同维护园内生态环境。

四、慎用生物制剂，保证水体安全

颐和园昆明湖不仅波光涟漪，而且水质良好，自 2007 年起基本稳定在Ⅱ类水平。而防控摇蚊又重在治理水生幼虫，为保首都一方净水，颐和园在选择杀灭剂方面慎之又慎。按照世界卫生组织的推荐，结合国内外防控专家的现场指导建议，颐和园在预先进行小面积喷洒试验取得成功的基础之上，试用微生物制剂防治湖岸区齿突水摇蚊。

（一）室内生物测试

1. 材料与方法

选择对水摇蚊属防控效果优秀的纯天然制剂进行生物测试：杀幼虫剂为 CJ-LI、CJ-LII、CJ-LIII，该系列药剂基于微生物代谢物产品，干颗粒水面施药；杀成虫剂为 CJ-A1、CJ-A2，该系列药剂基于天然矿物质提取产品。

在 4 口 30 cm×10 cm 的水族箱中分别加入等量分成四份的西堤周围含高幼虫密度的沉淀，加上通气泵，盖上网纱。分别用 CJ-LI、CJ-LII、CJ-LIII 进行撒施，同时设对照组喷施清水。每日记录羽化的成虫数量直到对照无成虫。

通过摇蚊成虫监测器与光诱捕蚊器收集成虫，置于蚊笼内，每笼 50 只。剪取颐和园沿湖常见植物枝叶，分别向其喷洒不同稀释倍数的 CJ-A1、CJ-A2 至下滴，在室内晾干，再分别放入笼内，观察 24 h、48 h、72 h死亡率。同时设对照以清水处理植物枝叶。

2. 测试结果分析

如表 4-1 所示，CJ-LII 杀幼虫剂不仅可以迅速达到良好的防控效果，还不会破坏食物链的完整，消灭全部摇蚊幼虫。

如表 4-2 所示，杀成虫剂选用 CJ-A1 稀释 4 倍喷雾效果最佳，对生态影响小，且能迅速达到 90%的防控效果。

表 4-1 杀幼虫剂生物测试效果

名称	收获摇蚊成虫数量							
	Day1	Day2	Day3	Day4	Day5	Day6	Day7	Day8
CJ-LI	0	0	0	0	0	0	0	0
CJ-LII	4	1	1	0	0	0	0	0
CJ-LIII	9	5	3	2	0	2	3	1
清水	15	11	23	44	22	27	13	5

表 4-2 杀成虫剂药剂生物测试效果

名称	浓度/倍	死亡率/%		
		24 h	48 h	72 h
CJ-A1	2	94	100	100
	4	90	92	96
	10	82	86	88
CJ-A2	2	86	92	96
	4	78	84	88
	10	72	78	80
清水		0	2	4

（二）现场防控效果评价

1. 材料与方法

对颐和园西堤、西区中路的沿湖区域进行防控工作：向湖岸边的植物、地面、围栏上喷施 CJ-A1 稀释 4 倍，向浅水区域使用喷粉机喷施 CJ-LII 杀幼虫剂；在藻鉴堂及凤凰墩区域设置对照区域，对照区域不喷施。采用定点采样法统计幼虫发生情况，利用定点成虫监测器、漂浮成虫监测器、光诱捕蚊器、黄板及扫网调查等方式统计成虫发生情况。

2. 防控效果评价

将防控前后两年摇蚊的发生量进行对比发现，0.5 m 水域摇蚊幼虫防控率达到 95.9%，成虫防控率达到 94%；1.5 m 水域摇蚊幼虫防控率达到 95.2%，成虫防控率达到 94.3%；光诱捕蚊器诱捕到的摇蚊成虫同比减少了 94.8%；通过扫网对比，发现对照区域的摇蚊发生情况明显较防控区域严重。以上说明防控效果显著（彩图 12、彩图 13）。

五、应用物理措施，辅助摇蚊防控

多年来，颐和园尝试利用多种物理方式作为辅助措施来防控摇蚊成虫，包括色板诱杀、灯光诱杀、喷洒诱液、扰动水体等。

1. 色板诱杀

我们尝试使用不同颜色粘虫板诱杀摇蚊成虫，包括黄、白、红、蓝、绿、粉、紫、黑等颜色。截至目前，据直观观测，黄板效果最好，红板、蓝板次之，黑板效果不好，其他颜色色板无显著差异（彩图 14 至彩图 19）。将各色色板悬挂于树冠外围 1. 7 m 高处或摇蚊经常出没的建筑物周边均能起到一定的诱杀作用。此法需建立在加强成虫羽化婚飞期监测的基础之上，把握好悬挂色板的时段，于羽化高峰期前挂出，此后正值柳蜷叶蜂羽化高峰，可利用黄色粘虫板起到联防联治的作用；高峰期过后应立即撤除，因 3 月底至 4 月初越冬代草蛉已出蛰，需撤除色板保护天敌。在此期间应视情况及时更换色板，在保证诱杀效果的同时尽可能减小对景观环境的影响，但此法只能起到监测和辅助防治作用。

此外，悬挂黄板还能直观评价防控效果。在防控区，防控前平均每张黄板可以诱杀 150 只左右的摇蚊成虫；防控后，平均每张可以诱杀 9 只左右的摇蚊成虫。在防控区与对照区设置黄板，可以明显监测到对照区的摇蚊发生情况较防控区严重（彩图 20、彩图 21）。

2. 灯光诱杀

受立地条件和景观因素限制，颐和园内不能大面积、高密度安装诱虫灯。园内现有诱虫灯为广谱型、黄色光源、蓝色光源三种（彩图 22 至彩图 24）。虽然布放密度不能满足防治摇蚊的需要，但据调查，现有诱虫灯诱杀摇蚊成虫效果俱佳，能起到良好的监测预警作用。

3. 喷洒诱液

在摇蚊成虫期，颐和园通过喷施诱集性矿物源药剂的方式来诱杀成虫。该诱液为纯天然制剂，基于天然矿物质提取。通过在孳生地周边陆地和植被上按比例喷洒，可诱杀栖息和羽化的摇蚊成虫，且防控效果优秀(具体防控效果如前所述)。

4. 扰动水体

颐和园每年春季在获得北京市地方海事局的批准之后，可安排船只通航。通过游船、快艇对湖水的扰动惊扰成虫、干扰产卵，以此方式来辅助降低齿突水摇蚊的虫口数量。

六、做好应急准备，启用其他措施

作为应急措施的药物防治所使用的药剂均为有关部门推荐使用的无公害药物。化学防治仅在摇蚊成虫婚飞严重影响游客游览时使用，并严格限制使用药剂的种类、浓度、施用范围及次数。在摇蚊集中爆发地的湖岸地面上，于成虫羽化高峰期和婚飞盛发期，按照药剂使用说明和注意事项，采用背负式药桶喷雾的方式，喷洒无公害低毒农药，以达到降低虫口密度的目的。

全年加强宣传，倡导文明游园，颐和园水域齿突水摇蚊防治历见表4-3。

表 4-3　颐和园水域齿突水摇蚊防治历

2月	3月	4月	5月	6月	7月	8月	9月	10月	11月
幼虫、蛹	卵、幼虫、蛹、成虫	卵、幼虫、蛹、成虫	卵、幼虫、蛹、成虫	幼虫	幼虫	幼虫	幼虫	卵、幼虫、蛹、成虫	卵、幼虫、蛹、成虫
监测出蛰、悬挂色板	施用微生物制剂、灯光诱杀、喷洒诱液、应急措施	灯光诱杀、扰动水体	持续监测、灯光诱杀	持续监测	持续监测	持续监测	持续监测	加强监测、灯光诱杀	加强监测、施用微生物制剂、灯光诱杀
全年加强宣传，倡导文明游园									

第三节　摇蚊防治技术的发展方向

一、RNA 干扰

在分子生物学蓬勃发展的今天，利用基因调控技术防治有害生物的研究也已开展得如火如荼。RNA 干扰又称转录后基因沉默，是一种能有效沉默或抑制目标基因表达的新兴基因工程技术。其除了可应用于治疗人类恶性肿瘤和传染性疾病，如新冠肺炎疫苗研发和治疗之外，也可作为一种安全有效的生物防治技术直接作用于有害生物的遗传物质，由双链RNA（dsRNA）诱发同源mRNA降解，靶向沉默特定基因，抑制其表达，阻止相应蛋白产物的合成，引起生物体相关功能的丧失。作为一种强大地反向遗传工具，RNA干扰技术具有高度的序列专一性和有效的干扰活力，已被证实对多种农林害虫有效。基于RNA干扰的生物农药被认为是未来植保领域的颠覆性技术，将极大改变人类防治农业病、虫、草等有害生物的思路和策略。应用此法防治摇蚊幼虫，使其在羽化前滞育，这样既能将摇蚊种群密度和虫口数量控制在合理经济阈值之内，又不会直接将其杀死，而是让其继续参与生态系统中的能量循环，发挥食物链中初级消费者应有的作用。将RNA干扰技术应用在湿地水体中，不但丝毫不会影响水体中其他任何动植物的生存和生长，反而有利于湿地水体环境的健康发展，具有其他任何防治措施无法比拟的优越性和广阔的应用前景。

二、引诱成虫

国内外目前已有学者研究不同波长光源对摇蚊的诱集差异，在未来或将有关于摇蚊趋色性和气味源引诱剂的研究。引诱成虫在多样性调查、生物监测、明确特定种生活史等方面都有着极其重要的作用，并且能够作为辅助防治手段降低集中爆发区域的虫口密度。防治摇蚊成虫的研究无论对于湖泊、河流、水库、湿地等各类水环境的治理，还是对于提升城市景观、保证人们的宜居环境不被大规模婚飞的摇蚊打扰，都具有切实的实用性，更加经济高效的防治方法的研讨和探寻正在得到越来越多的关注和重视。

三、生态修复

“十四五”时期是我国水生态环境保护的关键时期。摇蚊是监测水体环境和污染状况的优良指示生物，在生态学和环境科学领域中有重要研究价值。在水生态系统中，以摇蚊为代表的底栖动物可以促进植物碎屑和底泥有机质分解，并加速泥水界面的物质交换和水体的自净过程。它们以细颗粒有机碎屑为食，在底泥中进行颤动、掘穴等活动，产生大量的移痕和通道，能够增加底质与水体中溶解态物质如营养盐的交换通量，通过它们的摄食和排泄，使细颗粒物驻留在其所形成的孔穴内，为底泥中微生物反硝化作用提供碳源。此外，在摄食过程中大量微生物进入其体内，一些不被消化的微生物可以进一步促进污染物的降解；从生态学的机理上进行分析，有底栖的生态系统内具备完整的生产者—消费者—分解者食物链，营养物质在该食物链中逐层传递，互相影响。

摇蚊幼虫不仅是食物链上的重要一环，也是水生经济养殖动物的绝佳饲料。作为重要的环境治理举措，生态修复遵循人与自然和谐共生理念，以自然生态系统为核心，通过人工措施协助已遭受退化、损伤或破坏的生态系统恢复的过程，是缓释人类社会和生态系统之间矛盾的重要途径。马一鸣等（2021）筛选出具备净化功能的动植物，构建植物—底栖—鱼类三级功能群净化系统，研究了构建 4 种摄食类型的三级营养结构的水生态净化系统，认为逐步丰富植物—底栖—鱼类三个营养级的生物复杂性，可使水生生态系统具备全年运行的条件和高效、稳定的自净能力，从而达到生态修复的目的。通过生态修复将摇蚊种群密度控制在经济阈值之内，是顺应时代之需的必然举措，必将对“维护生态安全、建设美丽中国”起到积极推动作用。

参考文献

陈姗，王丽卿，张瑞雷，2017. 蒙古国摇蚊分类学的研究进展及名录. 生物学杂志（5）：98–104.

陈益清，张金松，刘丽君，等，2005. 供水系统摇蚊孳生规律与关键防治技术. 深圳市科协 2005 年年会论文集：293–297.

程铭，2009. 中国长足摇蚊亚科系统学研究（双翅目：摇蚊科）. 天津：南开大学.

崔福义，张金松，2004. 水体中摇蚊幼虫的孳生规律及其控制途径. 环境污染治理技术设，5（7）：1–4.

代田昭彦，1998. 摇蚊幼虫的研究：养鱼饵料的饲育培养法. 鲁守范，译. 北京：中国农业出版社.

邓鑫，刘志红，李晓军，等，2015. 沉积物中多杀霉素对摇蚊幼虫的慢性毒性效应. 生态与农村环境学报（5）：784–788.

傅悦，2010. 直突摇蚊亚科五属系统学研究（双翅目：摇蚊科）. 天津：南开大学.

高沥文，陈世国，张裕，等，2022. 基于 RNA 干扰的生物农药的发展现状与展望. 中国生物防治学报，38（3）：700–715.

古兰等，2009. 昆虫学概论. 3 版. 彩万志，花保祯，宋敦伦，等译，北京：中国农业大学出版社.

郭玉红，2005. 中国长跗摇蚊族系统学研究（昆虫纲：双翅目：摇蚊科）. 天津：南开大学.

黄廷林，武海霞，宋李桐，2006. 饮用水中摇蚊幼虫生长习性与灭活实验研究. 西安建筑科技大学学报（自然科学版），38（3）：420–424.

姜永伟，2011. 中国摇蚊属系统学研究（双翅目：摇蚊科）. 天津：南开大学.

姜志宽，郑智民，王忠灿，等，2011. 卫生害虫管理学 . 北京：人民卫生出版社：261-263.
雷萍，张金松，周令，等，2004. 苏云金芽孢杆菌以色列亚种对花翅摇蚊作用特性研究 . 微生物学通报，31（1）：17-21.
李丹阳，刘召，2019. 5 种药剂及鲫鱼放养对摇蚊防治效果比较 . 植物保护，45（4）：266-270.
李杏，2014. 东亚直突摇蚊亚科四属系统学研究（双翅目：摇蚊科）. 天津：南开大学.
林晓龙，2015. 浙江省摇蚊科区系及生物地理学研究（双翅目：摇蚊科）.天津：南开大学.
刘文彬，2017. 中国摇蚊科蛹期生物系统学研究（双翅目：摇蚊科）. 天津：南开大学.
卢靖华，周广宇，2003. 超声波对自来水中大龄摇蚊幼虫的杀灭作用 . 中国给水排水，19（1）：91.
马丽丽，高雨轩，陈微秋，等，2018. 3 种氯代烷基有机磷阻燃剂对摇蚊幼虫的毒性效应 . 生态与农村环境学报，34（11）：1050-1056.
马一鸣，2021. 植物-底栖-鱼类功能群对微污染水体自净能力影响研究 . 河南：郑州大学.
齐鑫，2017. 浙江省摇蚊亚科分类学研究及在水质评价与水产饲料中的应用 . 浙江：浙江大学.
钦俊德，1999. 动物行为的生理基础 . 生物学通报，34（10）：1-4.
秦玉川，2009. 昆虫行为学导论 . 北京：科学出版社：144-157.
孙慧，2010. 中国直突摇蚊亚科布摇蚊复合体及直突摇蚊复合体七属系统学研究（双翅目：摇蚊科）.天津：南开大学.
唐红渠，2006. 中国摇蚊幼虫生物系统学研究（双翅目：摇蚊科）.天津：南开大学.
王备新，2003. 大型底栖无脊椎动物水质生物评价研究 . 南京：南京农业大学.
王备新，杨莲芳，2004. 我国东部底栖无脊椎动物主要分类单元耐污值 . 生态学报，24（12）：2768-2775.
王俊才，方志刚，鞠复华，等，2000. 摇蚊幼虫分布及其与水质的关系．生态学杂志，19（4）：27-37.
王俊才，鞠复华，李开国，1989. 用底栖动物生物指数评价浑、太流域．环境科技，9（1）：83-86.
王俊才，王新华，2011. 中国北方摇蚊幼虫．北京：中国言实出版社：1-291.
王陇德，2010. 病媒生物防治实用指南．北京：人民卫生出版社：135-148.
王珊，张克峰，李梅，等，2013. 饮用水处理系统中摇蚊幼虫的污染及防治技术研究．供水技术，7（1）：22-26.
王新华，1991. 中国直突摇蚊亚科记述Ⅰ（双翅目：摇蚊科）．南开大学学报（4）：34-37.
王新华，1994. 刀毛摇蚊属一新种记述（双翅目：摇蚊科）．南开大学学报（1）：68-70.
王新华，1995. 双翅目：摇蚊科//吴鸿．华东百山祖昆虫．北京：中国林业出版社：426-431.
王新华，1999. 摇蚊科//郑乐怡，归鸿．昆虫分类．南京：南京师范大学出版社：674-756.
王新华，2008. 双翅目：摇蚊科//申效诚，时振亚．河南昆虫分类区系研究：第二卷　伏牛山区昆虫（一）. 北京：中国农业科学技术出版社：333-334.
王新华，纪炳纯，2003. 双翅目：摇蚊科//黄邦侃．福建昆虫志：第八卷．福建：福建科学技术出版社：43-65.
王新华，刘跃丹，唐红渠，等，2009. 双翅目：摇蚊科//杨定．河北动物志．北京：中国农业科学技术出版社：662.
王新华，唐红渠，张瑞雷，等，2005. 双翅目：摇蚊科//杨茂发，金道超．贵州大沙河昆虫．贵阳：贵州人民出版社：384-393.
吴松青，2014. 苏云金杆菌与埃及伊蚊的互作机制及其菌糠增效培养基筛选．福建：福建农林大学.
徐健，赵松，刘琴，等，2013. 苏云金杆菌以色列亚种生物杀蚊幼颗粒剂及其作用特性．中国血吸虫病防治杂志（1）：52-55.
薛瑞德，1992. 危害摇蚊的治理前景：一个全球性问题．医学动物防制，8（2）：65-67.

闫春财，2007. 中印区哈摇蚊属复合体系统学研究（双翅目：摇蚊科）.天津：南开大学.
闫春财，郭琴，赵广君，等，2016. 常用基因序列在摇蚊科昆虫系统发育研究中的应用进展．天津师范大学学报（自然科学版），36（6）：54-61.
杨健，周思辰，聂静，等，2005. 生物杀生剂灭四龄幼虫的试验．中国给水排水，21（10）：55-57.
姚媛媛，2013. 中国直突摇蚊亚科七属系统学研究（双翅目：摇蚊科）.天津：南开大学.
于洪贤，蒋超，2005. 放养河蟹对黑龙江东湖水库底栖动物和水生维管束植物的影响．水生生物学报，29（4）：430-434.
于雪，2011. 中国摇蚊亚科五属系统学研究（双翅目：摇蚊科）.天津：南开大学.
余健秀，余榕捷，庞义，1998. 苏云金杆菌杀虫晶体蛋白作用机制的研究进展．昆虫天敌，20（4）：180-186.
张琼，王淑莹，包鹏，等，2015. 摇蚊幼虫对活性污泥沉降性能的影响及机理．北京工业大学学报（5）：769-775.
张瑞雷，2005. 中印区多足摇蚊属系统学研究（双翅目：摇蚊科）.天津：南开大学.
张瑞雷，王新华，2004. 城市供水系统摇蚊污染发生与防治研究．昆虫知识，41（3）：223-226.
中华人民共和国国家质量监督检验检疫总局，2011. 化学品　沉积物-水系统中摇蚊毒性试验　加标于沉积物法：GB/T 27859—2011.
中华人民共和国国家质量监督检验检疫总局，2011. 化学品　沉积物-水系统中摇蚊毒性试验　加标于水法：GB/T 27858—2011.
中华人民共和国国家质量监督检验检疫总局，2021. 病媒生物密度监测方法　蚊虫：GB/T 23797—2021.
周令，张金松，雷萍，等，2003. 净水工艺中红虫污染治理的研究动态．给水排水，29（1）：25-28.
朱丹，苏鸿雁，2007. 城市供水系统摇蚊幼虫污染的生物防治技术研究进展．楚雄师范学院学报，22（6）：43-47.
祝乃淳，1984. 辽宁西部地区的摇蚊科幼虫．水产科学（2）：25-28.

ALEXANDER, M. K., 1997. New strategies for the control of the parthenogenetic chironomed. Jounal of the American Mosquito Control Association., 13 (2): 189-192.

AL-SHAMI, S. A., RAWI, C. S. M., AHMAD, A. H., 2011. Influence of agricultural, industrial, anthropogenic stresses on the distribution and diversity of macroinvertebrates in Juru River Basin, Penang, Malaysia. Ecotoxicology and Environmental Safety., 74 (5): 1195-1202.

ANDERSON, T. D., ZHU, K. Y., 2004. Synergistic and Antagonistic Effects of Atrazine on the Toxicity of Organophosphorodithioate and Organophosphorothioate Insecticides to *Chironomus tentans* (Diptera: Chironomidae). Pesticide Biochemistry and Physiology., 80 (1): 54-64.

ARIMORO, F. O., IKOMI, R. B., IWEGBUE, C. M. A., 2007. Water quality changes in relation to Diptera community patterns and diversity measured at an organic effluent impacted stream in the Niger Delta, Nigeria. Ecological Indicators., 7 (3): 541-552.

ARMITAGE, P., CRANSTON, P. S., PINDER, L. C. V., 1995. The Chironomidae: Biology and Ecology of Non-Biting Midges. Journal of Animal Ecology., 64 (5): 667-673.

ATKINS, M. D., 1980. Introduction to Insect Behaviour. Macmillan, NY.

BARBOUR, M. T., GERRITSEN, J., SNYDER, B. D., et al., 1999. Rapid bioassessment protocols for use in streams and wadeable rivers: Periphyton, benthic macroinvertebrates and fish. Washington, DC: Environmental Protection Agency.

BATTARBEE, R. W., CAMERON, N. G., GOLDING, P., et al., 2001. Evidence for Holocene climate variability from the sediments of a Scottish remote mountain lake. Journal of Quaternary Science: Published for the Quaternary Research Association., 16 (4): 339-346.

BAY, E. C., 1993. Chironomid (Diptera: Chironomidae) larval occurrence and transport in a municipal water system. Journal of the American Mosquito Control Association., 9 (4): 275-284.

BECKER, D. S., ROSE, C. D., BIGHAM, G. N., et al., 1995. Comparison of the 10-day freshwater sediment toxicity tests using *Hyalella aztica* and *Chironomus tentans*. Environmental Toxicology and Chemistry., 14 (3): 2089-2094.

BENNET-CLARK, H. C., 1989. Songs and the physics of sound production. In: Cricket Behavior and Neurobiology (eds F. Huber, T. E. Moore and W. Loher). Comstock Publishing Associates (Cornell University Press), Ithaca, NY: 227.

BENNION, H., BATTARBEE, R., 2007. The European Union water framework directive: Opportunities for palaeolimnology. Journal of Paleolimnology., 38 (2): 285-295.

BLEEKER, E. A. J., VAN DER GEEST, H. G. M., KRAAK, H. S., et al., 1998. Comparative Ecotoxicity of NPAHs to Larvae of the Midge *Chironomus riparius*. Aquatic Toxicology., 41 (4): 51-62.

BROOKS, B. W., TURNER, P. K., STANLEY, J. K., et al., 2003. Wateborne and Sediment Toxicity of Fluxetine to Select Organisms. Chemsphere., 52 (6): 135-142.

BRUNDIN, L., 1956. Die bodenfaunistischen Seetypen und ihre Anwendbarkeit auf die Südhalbkugel Zugleich eine Theorie der produktionsbiologischen Bedeutung der glazialen Erosion. Report of the Institute of Freshwater Research, 37: 186-235.

CAREW, M. E., HOFFMANN, A. A., 2015. Delineating closely related species with DNA barcodes for routine biological monitoring. Freshwater Biology, 60: 1545-1560.

CASTRO, B. B., GUILHERMINO, L., RIBEIRO, R., 2003. In Situ Bioassay Chanber and Procedures for Assessment of Sediment Toxicity With *Chironomus riparius*. Environmental Pollution., 125 (3): 325-335.

CRANE, M., SILDANCHANDRA, W., KHEIR, R., 2002. Callaghan a Relationship between Biomarker Activity and Developmental Endpoints in *Chironomus riparius* Meigen Exposed to an Organophosphate Insecticide. Ecotoxicology and Environmental Safety., 53 (2): 361-369.

CRANSTON, P. S., EDWARD, D. H. D., COOK, L. G., 2002. New status, distribution records and phylogeny for Australian mandibulate Chironomidae (Diptera). Australian Journal of Entomology, 41: 357-366.

DALY, H. V., DOYEN, J. T., EHRLICH, P. R., 1978. Introduction to Insect Biology and Diversity. McGraw-Hill, NY.

DE BISTHOVEN L. J, GERHARDT, A., SOARES, A., 2005. Chironomidae larvae as bioindicators of an acidmine drainage in Portugal. Hydrobiologia., 532 (1-3): 181-191.

DEFOE, D. L., ANKLEY, G. T., 2003. Evaluation of Time-to-Effects as a Basis for Quantifying the Toxicity of Contaminated Sediments. Chemosphere., 51 (2): 1-5.

DESHON, J. E., 1995. Development and application of the invertebrate community index (ICI) // Davis, W. S., Simon, T. P. Biological Assessment and Criteria: Tools for Water Resource Planning and Decision Making. Boca Raton: CRC Press.: 217-244.

DOWNES, J. A., 1970. The feeding and mating behaviour of the specialized Empidinae (Diptera); observations on four species of Rhamphomyia in the high Arctic and a general discussion. Canadian Entomologist, 102: 769-791.

DRENNER, R. W., HAMBREGHT, K. D., 1999. Biomanipulation of fish assemblages as a lake restoration technique. Areh Hydrobiol., 146 (2): 129-165.

EBERHARD, W. G., 1985. Sexual Selection and Animal Genitalia. Harvard University Press, Cambridge, MA.

EKREM, T., STUR E., HEBERT, P. D. N., 2010. Females do count: Documenting Chironomidae (Diptera) species diversity using DNA barcoding. Organisms Diversity and Evolution, 10: 397-408.

FERRAR, P., 1987. A Guide to the Breeding Habits and Immature Stages of Diptera Cyclorrhapha. Pt. 2, Entomonograph vol. 8. E. J. Brill, Leiden, and Scandinavian Science Press, Copenhagen.

FROST, S. W., 1959. Insect Life and Insect Natural History, 2nd edn.

Dover Publications, NY.

FUTUYMA, D. J., 1986. Evolutionary Biology. 2nd edn. Sinauer Associates, Sunderland, MA.

GRAY, E. G., 1960. The fine structure of the insect ear. Philosophical Transactions of the Royal Society of London B, 243: 75–94.

HUANG, D. W., CHENG L. N., 2011. The flightless marine midge *Pontomyia* (Diptera: Chironomidae): ecology, distribution, and molecular phylogeny. Zoological Journal of the Linnean Society, 162: 443–456.

HUGHES, P. A., STEVENS, M. M., PARK, H. W., et al., 2005. Response of larval *Chironomus tepperi* (Diptera: Chironomidae) to individual *Bacillus thuringiensis* var. *israelensis* toxins and toxin mixtures. Journal of Invertebrate Pathology., 88 (3): 34–39.

HWANG, H., FISHER, S. W., LANDRUM, P. F., 2001. Identifying Body Residues of HCBP Associated with 10–d Mortality and Partial Life Cycle Effects in the Midge. Aquatic Toxicology., 52 (1): 251–267.

JOBLING, B., 1976. On the fascicle of blood–sucking Diptera. Journal of Natural History, 10: 457–461.

KAHL, M. D., MAKYNEN, E. A., KOSIAN, P. A., et al., 1997. Toxicity of 4–Nonylphenol in a Life–Cycle Test with the Midge *Chironomus tentans*. Ecotoxicology and Environmental Safety., 38 (4): 155–160.

KEELEY, L. L., HAYES, T. K., 1987. Speculations on biotechnology applications for insect neuroendocrine research. Insect Biochemistry, 17: 639–661.

KHANGAROT, B. S., RAY, P. K., 1989. Sensitivity of Midge Larvae of *Chironomus tentans* Fabricius (Diptera: Chironomidae) to Heavy Metals. Bulletin of Environment Contamination and Toxicology., 42 (6): 325–330.

KIEFFER, J. J., 1923. Chironomides de I'Afrique Equatorial IIIe partie. Annales de la Societe Entomologique de France, 92: 149–204.

KOLKWITZ, R., MARSSON, M., ÖKOLOGIE DER TIERISCHEN

SAPROBIEN., 1909. Beiträge zur Lehre von der biologischen Gewässerbeurteilung. Internationale Revue der gesamten Hydrobiologie and Hydrographie., 2 (1-2): 126-152.

KOSALWAT, P., KNIGHT, A. W., 1987. Chronic Toxicity of Copper to a Partial Life Cycle of the Midge, *Chironomus decorus*. Archives of Environment Contamination and Toxicology., 16 (9): 283-290.

KUKALOVÁ, J., 1970. Revisional study of the order Palaeodictyoptera in the Upper Carboniferous shales of Commentry, France. Part III. Psyche, 77: 1-44.

KZROUNA-RENIER, N. K., ZEHR, J. P., 2003. Short-Term Exposures to Chronically Toxic Copper Concentrations Induce HSP70 Proteins in Midge Larvae (*Chironomus tentans*). The Science of Total Environment., 312 (5): 267-272.

LANGTON, P. H., VISSER, H., 2003. Chironomidae exuviae. A key to the pupal exuviae of theWest Palaearctic Region. World Biodiversity Database, CD-ROM series. Expert Center for taxonomic identication (ETI), Amsteram.

LEHMAN, J., 1971. Die Chironomiden der Fulda. Arch. Hydrobiol. Suppl., 37: 466-555.

LEI, P., ZHAO, W. M., YANG, S. Y., et al., 2005. Impact of Environmental Factors on the Toxicity of Bacillus thuringiensisvar. israelensis IPS82 to *Chironomus kiiensis*. Journal of the American Mosquito Control Association., 21 (3): 59-63.

LENAT, D. R., 1993. A biotic index for the southeastern United States: Derivation and list of tolerance values, with criteria for assigning water-quality ratings. Journal of the North American Benthological Society., 12 (3): 279-290.

LENZ, F., 1941. Die Jugendstadien der Sectio Chironomariae (Tendipedini) connectentes (Subf. Chironominae-Tendipedinae). Zusammenfassung und Revision. Archiv fur Hydrobiologie., 38: 1-69.

MATSUDA, R., 1965. Morphology and evolution of the insect head. Memoirs of the American Entomological Institute, 4: 1-334.

MCALPINE, D. K., 1990. A new apterous micropezid fly (Diptera: Schizophora) from Western Australia. Systematic Entomology, 15: 81-86.

MCALPINE, J. F. (ed.), 1981. Manual of Nearctic Diptera, vol. 1. No. 27. Research Branch, Agriculture Canada, Ottawa.

MCALPINE, J. F. (ed.), 1987. Manual of Nearctic Diptera, vol. 2. Monograph No. 28. Research Branch, Agriculture Canada, Ottawa.

MCLACHLAN, A. J., 1977. Density and distribution in laboratory populations of midge larvae (Chironomidae: Diptera). Hydrobiologia., 55: 195-199.

MEIGEN., 1838. Systematische Beschreibung der bekannten europaischen zweifliigeligen Insekten (Supplementary volume). Hamm., 7: xii + 434.

MÄENPÄÄ, K. A., SORMUNEN, A. J., KUKKONEN, J. V. K., 2003. Bioaccumulation and Toxicity of Sediment Associated Herbicides (Ioxynil, Pendimethalin, and Bentazone) in *Lumbriculus variegates* (Oligochaeta) and *Chironomus riparius* (Insecta). Ecotoxicology and Environmental Safety., 56 (4): 398-410.

MICHELSEN, A., LARSEN, O. N., 1985. Hearing and sound. In: Comprehensive Insect Physiology, Biochemistry, and Pharmacology, vol. 6, Nervous System: Sensory (eds G. A. Kerkut and L. I. Gilbert), 495-556. Pergamon Press, Oxford.

MOSER, K. A., 2004. Paleolimnology and the frontiers of biogeography. Physical Geography., 25 (6): 453-480.

NAJERA, J. A., ZAIM, M., 2003. Decision Making Criteria and Procedures of Judicious of Insecticides. WHO.

NAUMANN, E., 1932. Grundziige der regionalen Limnologie. Die Binnen-gewässer, Stuttgart: Schweitzerbart Science Publishers.

OLIVER, D. R., 1971. Life History of the Chironomidae. Annual Review of Entomology, 16: 211-230.

PAGAST, F., 1931. Chironomiden aus der Bodenfauna des Usma-Sees in Kurland. Folia zool. hydrobiol, 3: 199-248.

PANG, Y., YU, J. X., TAN, L., et al., 1999. Molecular chaperone p21 genes from *Bacillus thuringiensis*. NY: Science Press: 99-100.

PERCY, J., FAST, P. G., 1983. Bacillus thuringiensis crystal toxin ultrastructural studies of its effect on silkworm midgut cells. Invertebr Pathol, 41: 86 pp.

POWLESLAND, C., GEORGE, J., 1986. Acute and Chronic Toxicity of Nickel to *Chironomus riparis* (Meigen). Environmental Pollution Series A, Ecological and Biological., 42 (1): 47-64.

QI, X., WANG, X. H., ANDERSEN T., et al. A new species of *Manoa fittkau* (Diptera: Chironomidae), with DNA barcodes from Xianju National Park, Oriental China. Zootaxa., 4231 (3): 398-408.

RAUNIO, J., 2008. The use of chironomid pupal exuviae technique (CPET) in freshwater biomonitoring: applications for boreal rivers and lakes. PhD thesis. Acta Univ. Oulu. / A Sci. Rer. Nat,: 500 pp.

REISS, F., 1966. Okologische und systematische Untersuchungen an Chironomiden (Diptera) des Bodensees. Ein beitrag zur lakustrischen Chironomidenfauna des nordlichen Alpenvorlandes. Arch. Hydrobiol, 64: 176-323.

RESH, V. H., JACKSON, J. K., 1993. Rapid assessment approaches to biomonitoring using benthic macroinvertebrates. Chapman and hall, NY: 195-223.

ROSENBERG, D. M., 1993. Freshwater biomonitoring and Chironomidae. Netherland Journal of Aquatic Ecology., 26 (2-4): 101-122.

RUSE, L., DAVISON, M., 2000. Long-term data assessment of chironomid taxa structure and functionin the River Thames. Regulated Rivers-Research & Management, 16 (2): 113-126.

SASA, M., 1979. A morphological study of adults and immature stages of 20 Japanese species of the family Chironomidae (Diptera). Res. Rpt. Ntd, Inst, Env, Std. R-7-79: 1-148.

SASA, M., KIKUCHI, M., 1986. Notes on the chironomid midges of the subfamilies Chironominae and Othocladiinae collected by light traps in a rice paddy area in Tokushima (Diptera, Chironomidae). Eisei Dobutsu., 37 (1): 17-39.

SIEGEL, J. P., SHADDUCK, J. A., 1990. In bacterial Control of mosquitoes and Black Flies. Unwin Hyman Ltd London: 201-220.

STEVENS, M. M., AKHURST, R. J., CLIFTON, M. A., et al., 2004. Factors Affecting the Toxicity of Bacillus Thuringiensis var. israelensis and Bacillus sphaericus to Fouth Instar Larvae of *Chironomus tepperi* (Diptera: Chironomidae). Journal of Invertebrate Pathology., 86 (4): 104-110.

STEVENS, M. M., HELLIWELL, S., WARREN, G. N., 1998. Fipronil Seed Treatments for the Control of *Chironomid larvae* (Diptera: Chironomidae) in Aerially-Sown Rice Crops. Field Crops Research., 57 (3): 195-207.

SÆTHER, O. A., 1969. Some Nearctic Podonominae, Diamesinae and Orthocladiinae (Diptera: Chironomidae). Bulletin of the Fisheries Research Board of Canada, 170: 1-154.

SÆTHER, O. A., 1979. Chironomid communities as water quality indicators. Ecography., 2 (2): 65-74.

SÆTHER, O. A., 1980a. The influence of eutrophication on deep lakes benthic invertebrate communities. Prog. Wat. Tech., 12 (2): 161-180.

SÆTHER, O. A., 1980b. Glossary of chironomid morphology terminology (Chironomidae: Diptera). Ent. scand., Suppl, 14: 51 pp.

SÆTHER, O. A., ASHE, P., MURRAY, D. E., 2000. Family Chironomidae. In Papp, L. and B. Darvas (eds), Contributions to a Manual of Palaearctic Diptera (with special reference to the flies of economic importance). Vol. 4. Appendix A. 6. Science Herald, Budapest: 113-334.

SÆTHER, O. A., WANG, X. H., 1996. Revision of the genus Propsilocerus Kieffer, 1923 (*Tokunagayusurika* Sasa) (Diptera: Chironomidae). Ent. scand, 27: 441-479.

SUBLETTE, J. E., SUBLETTE, M. F., 1973. Family Chironomidae. In: Delfinado, M. D. and Hardy, D. E. (eds): A catalog of the Diptera of the Oriental Region. Vol. 1：618.

TANG，H. Q.，SONG，M. Y.，CHO，W. S.，et al.，2010. Species abundance distribution of benthic chironomids and other macroinvertebrates across different levels of pollution in streams. Annales de Limnologie–International Journal of Limnology，46：53–66.

THIENEMANN，A.，1910. Das Sammeln von Puppenhauten der Chironomiden. Eine Bitte um Mitarbeit Archiv für Hydrobiolie，6：213–214.

THIENEMANN，A.，1922. Biologische Seetypen und die Gründung einer Hydrobiologischen Anstalt am Bodensee. Archiv für Hydrobiologie.，13（3）：347–370.

THIENEMANN，A.，1922. Die beiden Chironomusarten der Tiefenfauna der norddeutschen Seen. Ein hydrobiologisches Problem，Internationale Vereinigung für theoretische und angewandte. Limnologie：Verhandlungen.，1：1：108–143.

THIENEMANN，A.，1954. Chironomus. Leben，Verbreitung und wirtshaftliche Bedeutung der Chironomiden. Die Binnengewässer，20：834.

TOKESHI，M.，1995. Randomness and aggregation：Analysis of dispersion in an epiphytic chironomid community. Freshwater Biology，33：567–478.

TOKUNAGA，M.，1933a. Chironomidae from Japan. I. Clunioninae. Philipp. J. Sci，51：357–366.

WALSHE，B. M.，1947. Feeding mechanisms of Chironomus larvae. Nature，Lond，160：474.

WATTS，M. M.，PASCOE，D.，CARROLL，K.，2001. Chronic Exposure to 17α–Ethinylestradiol and Bisphenol a–Effects on Development and Reproduction in the Freshwater Invertebrate *Chironomus tiparis*（Diptera：Chironomidae）. Aquatic Toxicology.，55（1）：113–124.

WATTS，M. M.，PASCOE，D.，CARROLL，K.，2003. Exposure to 17α–Ethinylestradiol and Bisphenol a–Effects on Larval Moulting and Mouthpart Structure of *Chironomus riparius*. Ecotoxicology and Environmental.，54（1）：208–215.

WRIGHT，C. A.，CRISP，N. H.，KAVANAUGH，J. L.，et al.，1991.

A protocol for using surface-floating pupal exuviae of Chironomidae for Rapid Bioassessment of changing water quality. Sediment and Stream Water Quality in a Changing Environment: Trends and Explanation (Proceedings of the Vienna Symposium, August 1991) IAHS Publ. No. 203.

YAMAMOTO, M., 2004. A catalog of Japanese Orthocladiinae (Diptera: Chironomidae). Makunagi, 21: 1-121.

ZACHARUK, R. Y., 1985. Antennae and sensilla. In: Comprehensive Insect Physiology, Biochemistry, and Pharmacology, vol. 6, Nervous System: Sensory (eds G. A. Kerkut and L. I. Gilbert), Pergamon Press, Oxford: 1-69.

彩 图

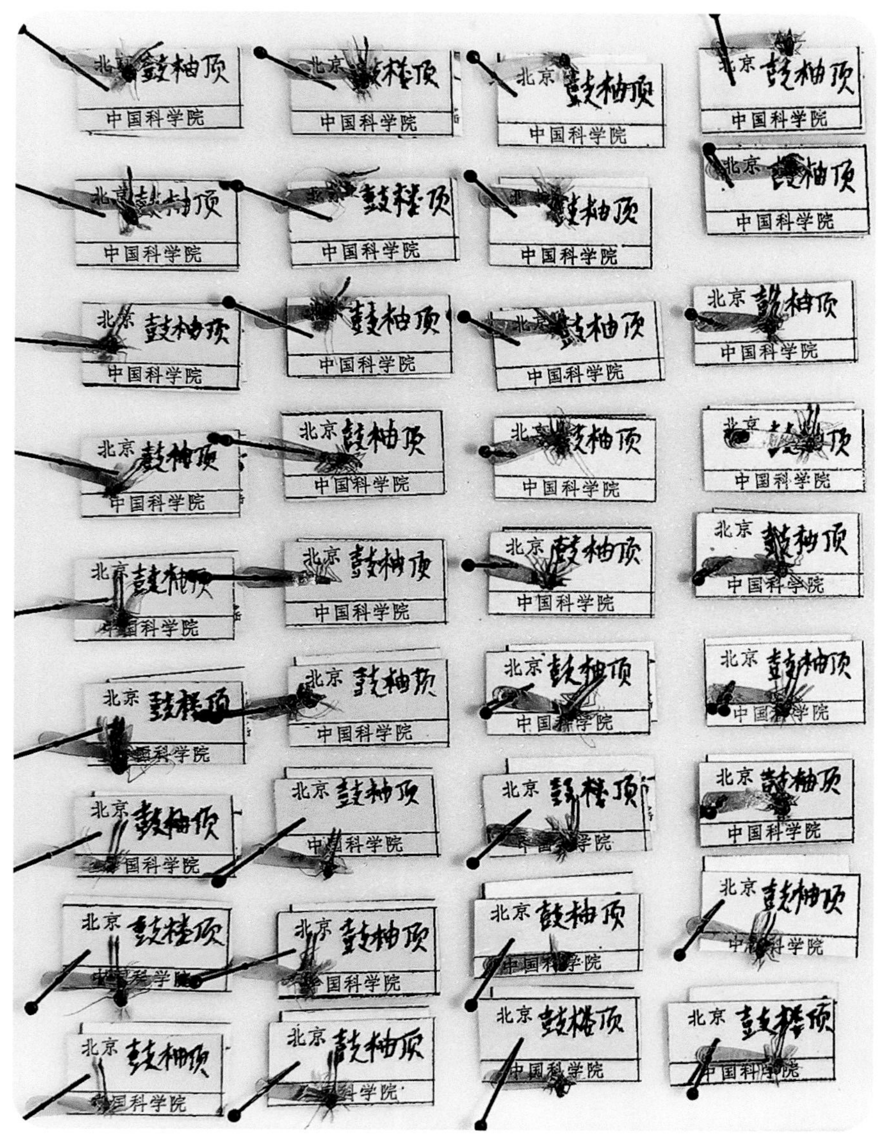

彩图 1　保存于中国科学院动物研究所标本馆中的摇蚊标本

彩图 1　保存于中国科学院动物研究所标本馆中的摇蚊标本（续）

彩图 2　苏天运博士实地查看园内摇蚊孳生地并给出防治建议

彩图 3 张勇研究员到颐和园调查摇蚊发生量并指导防治工作

彩图 4　幼虫采集

彩图 5　成虫监测器

彩图 6　摇蚊生境

彩图 7　宣传展板——不叮人的小飞虫

彩图 8　宣传展板——此“蚊”非彼“蚊”

彩图 9　宣传展板——摇蚊与吸血蚊幼虫区别

彩图 10　宣传展板——摇蚊防治

文明游园 绿色共享

——致所有热爱自然的游客的一封信

尊敬的各位游客朋友：

欢迎您来颐和园游览参观！

经历了百年风霜的古老皇家园林——颐和园，以其独特的艺术风格，吸引了众多像您一样的国内外游客前来游览观光，置身其间，既能感受到北方皇家园林“移天缩地在君怀”的造景气魄，也能欣赏到如江南园林般婉约秀丽的自然美景，正因为如此，在1998年颐和园被列入世界文化遗产名录。

颐和园不但建筑辉煌，陈设丰富，而且植被繁茂，拥有一流的自然生态环境。在主要游览线路上，绿草如茵、赏心悦目；在万寿山上和广大的西区，精心护植的自然草坪和人工绿地被大量的野生地被所装点，野味十足，意趣昂然。秋获的苇絮，灼灼的桃花，缀雨的红莲……无时不引起难以抑制的艺术与文学遐想，更可喜的是绿毯上织点的各色野花，或点若繁星，或团似色锦，都在轻唱着春天的歌谣，期盼着您的到来！

根据我园园林科研人员的不完全统计，颐和园常见的绿色开花植物约有160余种，近几年为了增加自然野趣的景观效果，我们投入了大量人力物力补植了蒲公英、紫花地丁、二月兰、蛇莓、点地梅、野豌豆、委陵菜、旋覆花、打碗花、苦菜、苦荬菜等十余种植物的种子，希望它们的盛开能给您带来久违的田园气息，更重要的是，多种多样的植物分布，有利于给益鸟、益虫提供丰富的食物来源，对于维护颐和园的生态平衡具有重大意义。

这里的山山水水给了您美的享受，这里的花花草草，也需要您和我们一起来共同爱护，让我们一起来劝阻那些攀折花木、采挖野菜的不文明行为，告诉他们，野花不仅要留给人类欣赏，更要留给自然界所有的生命共享！

颐和园园艺队党支部

惊蛰前后，春回大地，昆明湖里和湖畔的精灵们似往年一般赴约而至。空中成团飞舞的小黑虫到底是什么？它与高冷唯美的天鹅、撞胸求偶的䴙䴘同时出现在颐和园早春这幅绘了近300年而未完的时空画卷中，是机缘巧合？还是暗藏玄机？

让我们来揭晓答案！它们是摇蚊。

请您不要惊慌，“此蚊非彼蚊”，它们不吸血、不叮人，只是和蚊科昆虫一样，具有追踪人群的习性。成团飞舞，实际上是“婚飞”，雄蚊以此来招引雌性。

摇蚊的幼虫在水生生态系统中意义重大，是食物链中的重要角色。首先，它们主要以水底有机物碎屑为食，还可以吞食大量藻类，尤其是蓝藻和绿藻，且摄食量相当可观，是净化水质的好帮手。其次，摇蚊的幼虫俗称“鱼虫”，是多种鱼类的优质天然饵料，既能满足幼鱼的营养需求，又能被水体底层的鲤、鲫等成鱼摄取。鱼类种群的丰富必然会吸引终极消费者——鸟类的到来。这样，藻—虫—鱼—鸟，再加上分解者，完整的食物链成就了生态系统的平衡。

昆明湖畔的摇蚊自清漪园建园初期就有，正如乾隆御制诗中“暖气飞轻蠓，春波集野鸥”、“暖起浮青蠓，宽栖度岁鸿”所述，已与早春西堤桃红柳绿、鸟语花香的美景融为一体。

近年来，颐和园摇蚊数量逐渐增多。由于我园已被列入第一批北京市湿地名录，也是北京市一级水源保护区，故不能大面积应用化学方法来防治摇蚊。2018年“颐和园水域摇蚊的环境影响及防治措施效果评价”科技课题立项实施，明确了春季扰民的优势种为齿突水摇蚊。在保首都一方净水、护遗产古建平安的前提下，颐和园持续通过色板、灯诱等绿色措施，将摇蚊对游客游览的影响降至最低。

在一个循环良好的生态环境中，每种生物都是不可或缺的一部分，请您和我们一起努力，保护野生水生动物，共同抵制野钓捕捞等不文明行为！保护鱼类既能低碳环保地防控摇蚊，又能吸引更多的鸟类来昆明湖栖息驻足。“虽由人作，宛自天开”，愿颐和园能永远给您留下美好的回忆！

彩图11 宣传折页

彩图 12　防控前后虫量对比（西堤柳桥）

彩图 13　防控前后虫量对比（西区中路）

彩图 14　黄板粘虫效果

彩图 15　红板粘虫效果

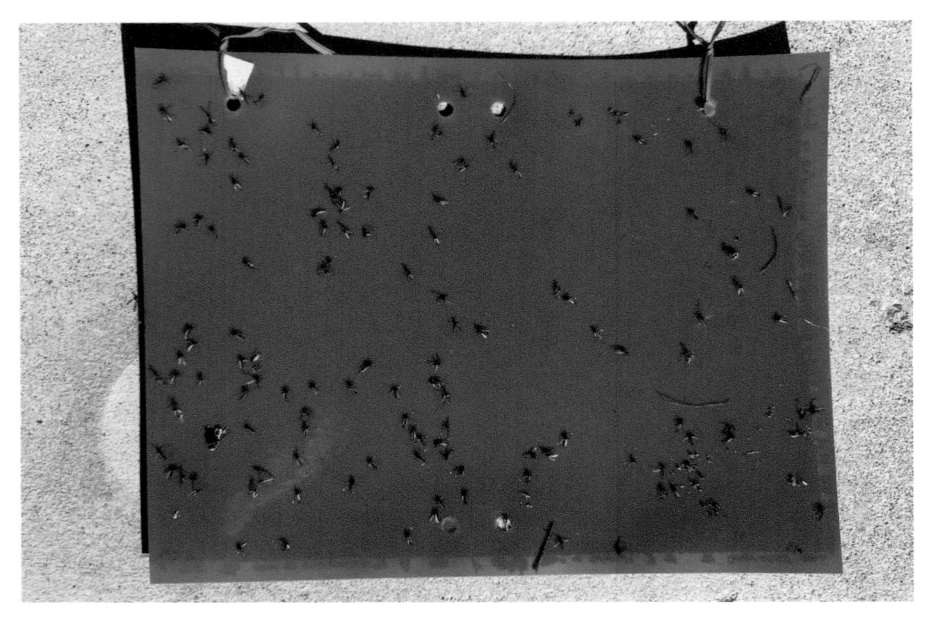

彩图 16　蓝板粘虫效果

彩图 17　绿板粘虫效果

彩图 18　白板粘虫效果

彩图 19　黑板粘虫效果

彩图 20　防控前后同地虫量对比

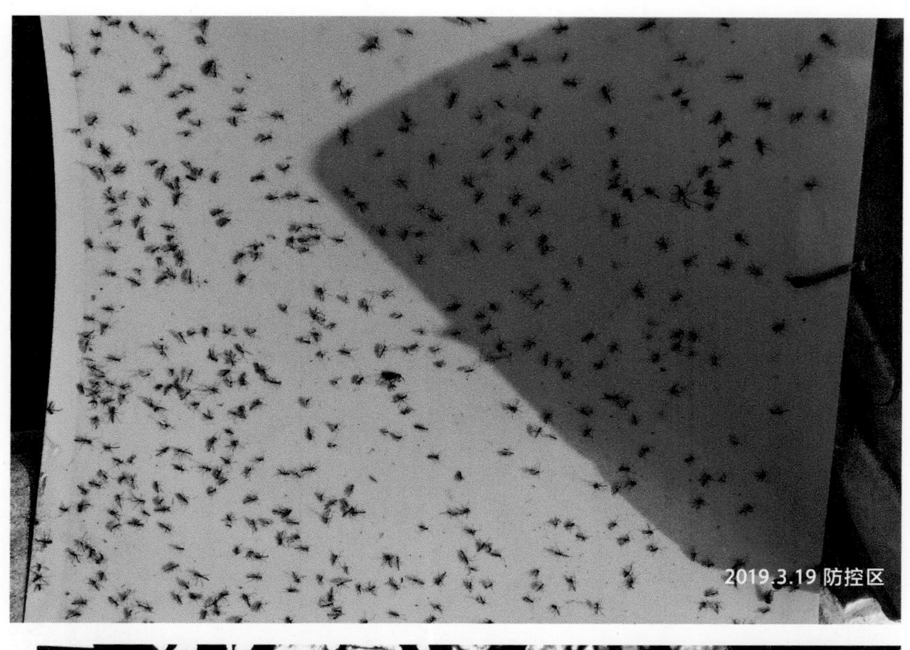

彩图 21　防控区与对照区同期虫量对比

彩图 22　广谱型诱虫灯诱集摇蚊效果

彩图 23　黄光光源诱捕器诱集效果

彩图 24　蓝光光源诱捕器诱集效果

生 态 图

一、长足摇蚊亚科 Tanypodinae

（一）无突摇蚊属 *Ablabesmyia* sp.

项圈无突摇蚊 ***Ablabesmyia monilis*** **(Linnaeus)**

（二）长足摇蚊属 *Tanypus*

刺铗长足摇蚊 *Tanypus punctipennis* Meigen, 1818

二、直突摇蚊亚科 Orthocladiinae

（一）环足摇蚊属 *Cricotopus* spp.

（二）裸须摇蚊属 *Propsilocerus* spp.

红色裸须摇蚊 ***Propsilocerus akamusi*** **Tokunaga, 1938**

（三）水摇蚊属 *Hydrobaenus*

齿突水摇蚊 ***Hydrobaenus dentistylus*** **Moubayed, 1985**

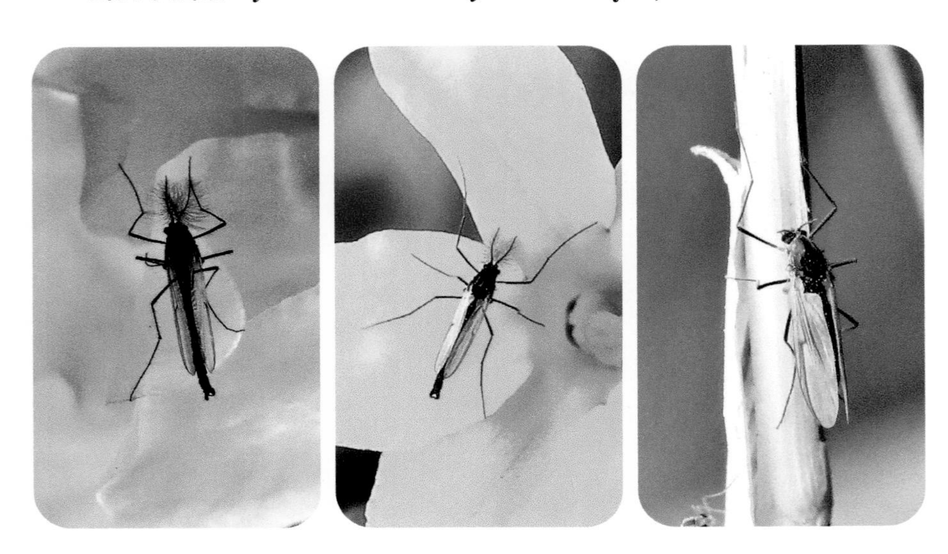

（四）沼摇蚊属 *Limnophyes*

微小沼摇蚊 *Limnophyes minimus* Meigen, 1818

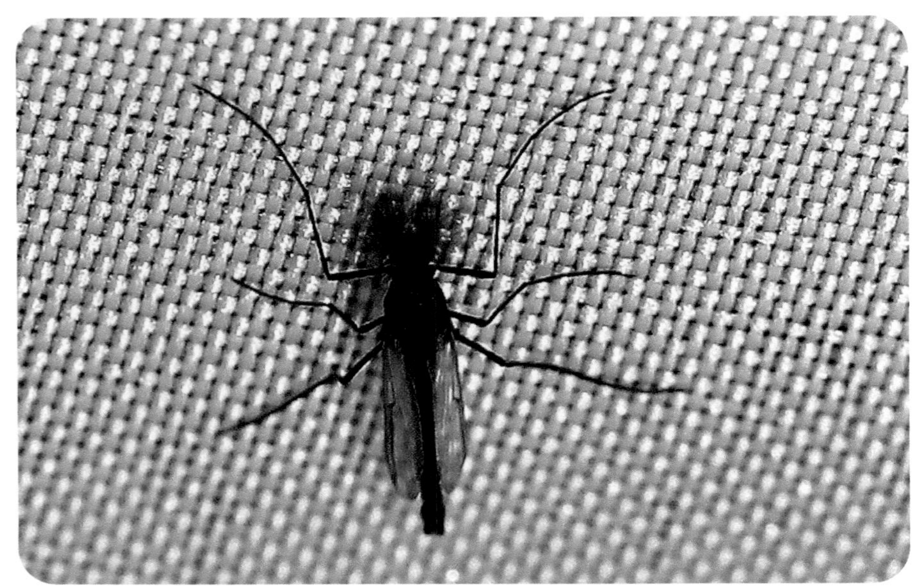

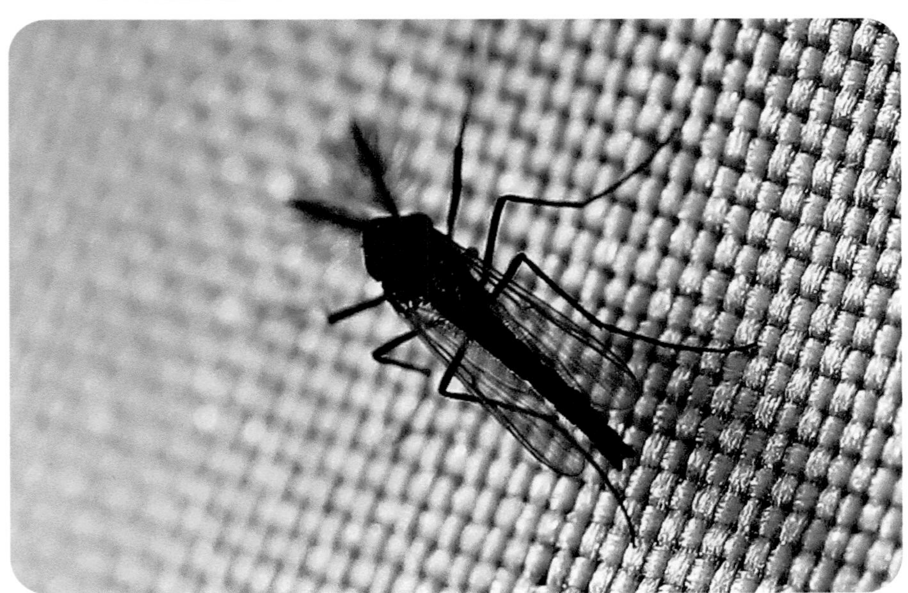

三、摇蚊亚科 Chironominae

（一）摇蚊族 *Chironomini* spp.

摇蚊属 *Chironomus* spp.

萨摩亚摇蚊 *Chironomus samoensis* Edwards, 1928

（二）长跗摇蚊族 *Tanytarsini* spp.

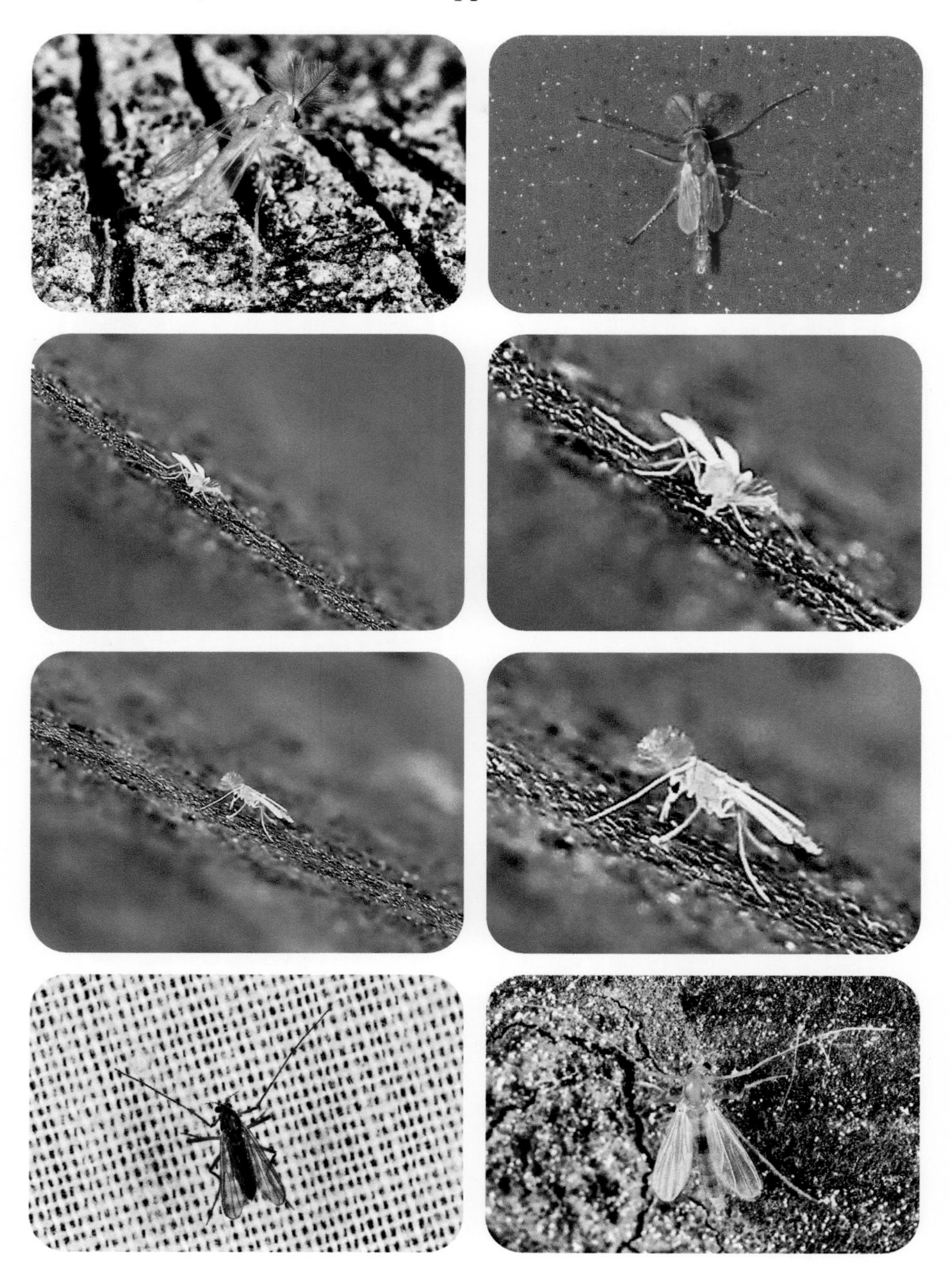

长跗摇蚊属 *Tanytarsus* sp.

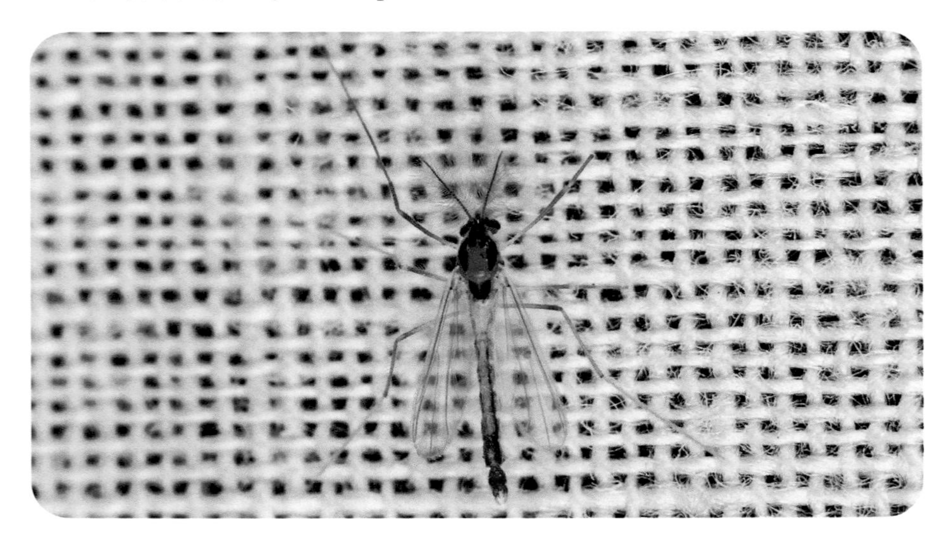

（三）多足摇蚊属 *Polypedilum* spp.

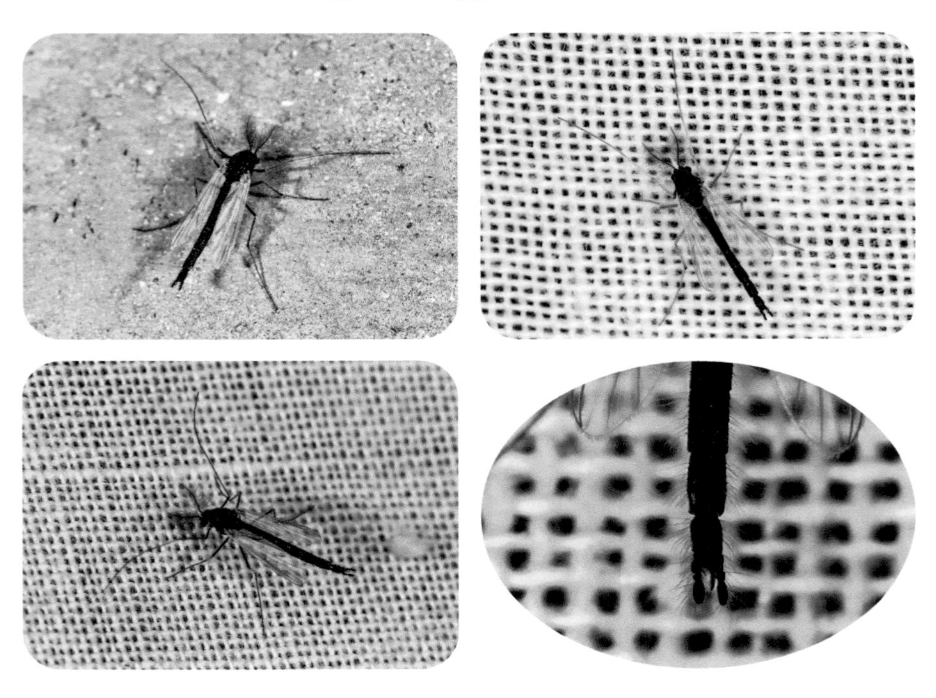

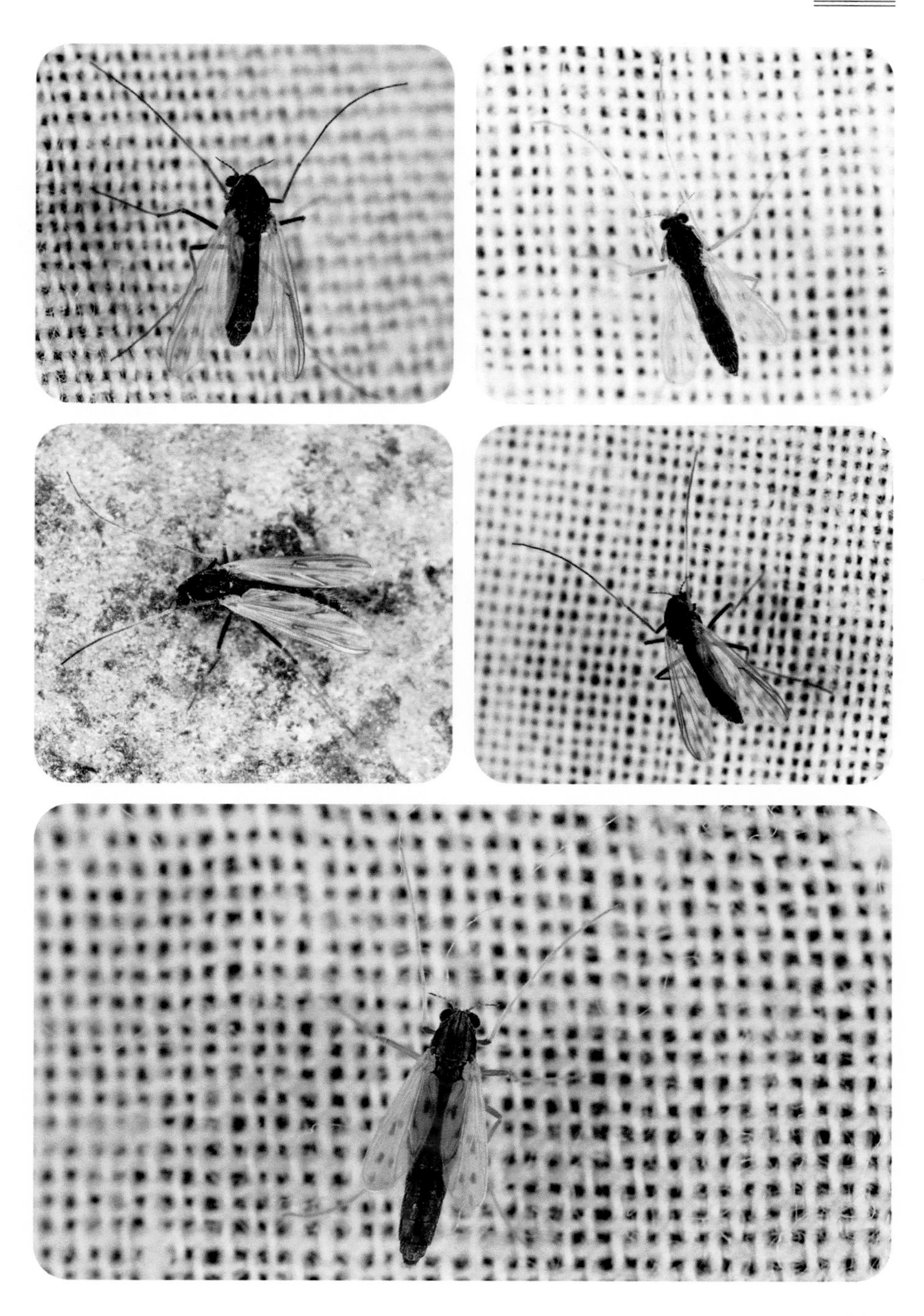

（四）雕翅摇蚊属 *Glyptotendipes* spp.

（五）狭摇蚊属 *Stenochironomus* spp.

花翅狭摇蚊 ***Stenochironomus nublipennis*** **Yamamoto, 1981**

（六）内摇蚊属 *Endochironomus* spp.

（七）哈摇蚊属复合体 *Harnischia* generic complex

（八）小摇蚊属 *Microchironomus*

毛尖小摇蚊 ***Microchironomus deribae*** **Freeman, 1957**

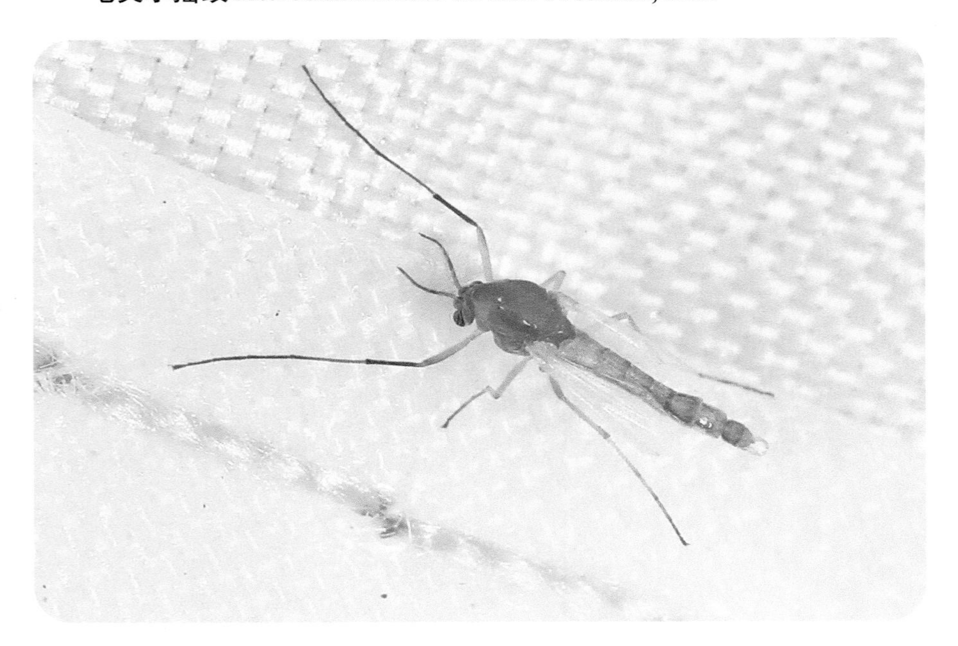